列当的识别和防治

RECOGNITION AND MANAGEMENT OF
OROBANCHE

赵思峰　姚兆群　曹小蕾　张　璐　张学坤　著

北京理工大学出版社
BEIJING INSTITUTE OF TECHNOLOGY PRESS

版权专有　侵权必究

图书在版编目（CIP）数据

列当的识别和防治 / 赵思峰等著． －－ 北京：北京理工大学出版社，2025.3.
ISBN 978-7-5763-5246-7

Ⅰ．S453

中国国家版本馆 CIP 数据核字第 2025CA3548 号

责任编辑：国　珊　　　文案编辑：国　珊
责任校对：周瑞红　　　责任印制：李志强

出版发行 / 北京理工大学出版社有限责任公司
社　　址 / 北京市丰台区四合庄路 6 号
邮　　编 / 100070
电　　话 /（010）68944439（学术售后服务热线）
网　　址 / http://www.bitpress.com.cn

版 印 次 / 2025 年 3 月第 1 版第 1 次印刷
印　　刷 / 北京虎彩文化传播有限公司
开　　本 / 710 mm × 1000 mm　1/16
印　　张 / 9
字　　数 / 138 千字
定　　价 / 62.00 元

图书出现印装质量问题，请拨打售后服务热线，负责调换

前　言

新疆维吾尔自治区（简称新疆）独特的光热资源、生态条件非常适合粮棉油作物、瓜果和特色加工蔬菜种植。新疆每年种植的西瓜和甜瓜超过 200 万亩，籽用瓜近 100 万亩，加工番茄近 100 万亩，制干辣椒超过 120 万亩，食用向日葵和油葵约 150 万亩，马铃薯超过 100 万亩，这些特色作物年均产值近 50 亿元，对新疆农业产业发展和农民致富增收发挥着重要作用。然而，这些作物因长期以来受到列当（*Orobanche* spp. 和 *Phelipanche* spp.）的危害遭受了巨大的经济损失。

列当没有根和叶绿素，只能通过寄主获得养分，是一类典型的恶性全寄生杂草。其寄主范围广泛，主要寄生在茄科、豆科、葫芦科、亚麻科、大麻科、伞形科、菊科和十字花科等植物上。列当在我国主要分布于西北、华北、东北的干旱和半干旱地区，其中，在新疆范围内广泛分布且危害最为严重。列当对寄主的危害主要发生在寄主的根部，利用传统防治方法对其控制效果不佳，因此，有效防治列当是世界性难题之一。

分枝（瓜）列当（*O. aegyptiaca*）和向日葵列当（*O. cumana*）是新疆危害最为严重的两种列当，可危害甜瓜、西瓜、籽用瓜、向日葵、加工番茄、辣椒和甜叶菊等特色经济作物。寄主被列当寄生后，正常生长发育受阻，植株出现矮化、萎蔫、枯死症状，导致寄主生物量减少。在新疆，因列当寄生可导致加工番茄减产 30%~80%、向日葵减产 40%~50%、甜瓜减产 40% 以上，危害严重区域造成作物绝收，列当已成为制约新疆特色经济作物可持续发展的重要因素之一。

目前，很多技术人员及农民对列当了解不够，把列当称为"紫花草""大芸""黄拐棍""瓜丁",以及维吾尔语"凶不雅"等,也有人将其误认为"肉苁蓉"。同时,很多技术人员及农民对列当的生物学特性和发生规律及相关知识缺乏了解,导致列当严重时束手无策。

在国家自然科学基金(31260422,31460467,32160649)、兵团博士资金(2011BB001)、兵团中青年科技创新领军人才基金(2018CB022)、兵团科普发展专项(2021CD002)和第七师胡杨河市财政科技计划(2022C01)、新疆维吾尔自治区西甜瓜产业技术体系(XJARS-06-14)等项目资助下,编著者将对列当15年的研究成果编写为本科普图书,以便广大技术人员和农民能准确识别和了解列当,并在列当发生时能够选择最佳的防治时间和最优的防治方法,达到节本增效的目的。本书内容较为系统和实用,但限于时间仓促和编著者水平有限,疏漏在所难免,敬请广大读者不吝指正。

编著者

2024 年 12 月

目　录

第一章　列当是什么 ·· 1
　　第一节　认识寄生植物 ··· 1
　　第二节　哪些寄生植物属于列当 ·· 6
　　第三节　列当的形态学和生物学特征 ·· 8
　　第四节　列当种类及其形态特征 ·· 11
　　第五节　农业上严重发生的列当种类 ·· 26

第二章　新疆农田中危害最严重的两种列当 ·· 30
　　第一节　列当在新疆的分布和导致危害难以防治的原因 ····························· 30
　　第二节　向日葵列当 ·· 32
　　第三节　瓜列当 ·· 43

第三章　列当生物学特性和生活史 ·· 50
　　第一节　列当的寄主范围及不同发育阶段的危害症状 ······························· 51
　　第二节　列当的生活史 ·· 57
　　第三节　列当的发育过程及侵染机制 ·· 58
　　第四节　列当的传播 ·· 72
　　第五节　列当的变异 ·· 75

第四章　如何防治列当 ·· 81
　　第一节　植物检疫 ·· 81
　　第二节　农业防治 ·· 85

第三节　抗性育种及农作物合理布局 …………………………………… 89
第四节　化学防治 ………………………………………………………… 104
第五节　物理防治 ………………………………………………………… 108
第六节　生物防治 ………………………………………………………… 109

参考文献 …………………………………………………………………… 113

第一章
列当是什么

■ 第一节 认识寄生植物

寄生植物（Parasitic plant）是被子植物（Angiospermae）中能开花结果的植物，其在不同程度上依赖其他植物体内的营养物质来完成其生活史，又称寄生性被子植物。寄生植物由于完全丧失或只保留了部分光合能力，其根系或叶片等器官退化，不能独立完成自养生活，需要借助特化的寄生器官——吸器（Haustorium），从寄主中获取有机养分、无机养分和水分等物质。寄生植物大多数寄生在野生木本植物上，少数寄生在农作物上。

根据植物体是否含有叶绿素，可将寄生植物分为全寄生植物（Holoparasite）和半寄生植物（Hemiparasite）2种类型。前者不含叶绿素，不能进行光合作用，其全部的营养需求，包括水分、无机养分和有机养分等，都依赖寄主获得，如列当属（*Orobanche*）和菟丝子属（*Cuscuta*）的一些植物；后者含有叶绿素，保留了部分光合能力，但仍需寄主提供水分和无机养分，如马先蒿属（*Pedicularis*）和鼻花属（*Rhinanthus*）的一些植物及桑寄生科（Loranthaceae）等的一些植物。半寄生植物又可分为2类：一类可在没有寄主伴生的条件下独立完成生活史，称为兼性半寄生植物（Facultative Hemiparasite）；另一类则必须依赖寄主才能完成生活史，称为专性半寄生植物（Obligate Hemipatasite）。

大多数寄生植物的繁殖方式有种子繁殖（Seed Reproduction）和营养繁殖（Vegetative Propagation）2种，少数寄生植物（如槲寄生）只有种子繁殖方式。

大多数寄生植物主要以种子借助寄主植株或种子调运进行远距离传播，以及风力和气流进行近距离传播，其中，列当和独脚金（Striga asiatica）的种子极小，可随风飞散传播数十米；菟丝子的种子或蒴果常随寄主种子的收获与调运进行传播扩散；桑寄生科植物的果实为肉质的浆果，成熟时色泽鲜艳，其种子伴随鸟类啄食，并随鸟的飞翔活动而传播；云杉矮槲寄生的种子主要靠自身弹射进行近距离传播，也可依靠鸟类或其他外力辅助进行远距离传播。

寄生植物的种子具有独特的萌发与休眠特征，其种子成熟时，因胚发育不完全导致萌发时需要经历后熟过程或休眠期，这个过程可长达数月到数年。肉苁蓉种子在自然环境下，要经过两个冬季种胚才能完成后熟过程。茎寄生植物种子的萌发一般不需要寄主释放的化学信号，其成熟种子在适宜的温湿条件下，便可打破休眠，随即萌发。紫花假毛地黄（Agalinis purpurea）在无寄主条件下可以萌发和生长，但无法开花和结实。根寄生植物的种子需要寄主释放的化学信号刺激后才能萌发，在没有合适的寄主出现之前，多数根寄生植物的种子在土壤中处于休眠状态，其活力可保持数年至数十年。寄主根系分泌物中的萌发刺激物通过引导根寄生植物幼根向着寄主根的方向生长，为寄生关系的建立奠定基础。现已发现的寄主产生的天然萌发刺激物主要有 4 种：独脚金醇（Strigol）、高粱内酯（Sorgolactone）、黑蒴醇（Alectrol）和列当醇（Orobanchol）。其中，独脚金醇、高粱内酯、黑蒴醇是独脚金属植物种子的天然萌发刺激物；黑蒴醇和列当醇是列当属植物种子的天然萌发刺激物。人工合成的独脚金醇类似物也有刺激列当种子萌发的作用，其 GR 系列如 GR24，GR7，GR3 等均有作用，其中以 GR24［3－（4－甲基－5－氧－2，5－二氢呋喃－2－氧甲基）－3，3a，4，8b－四氢－茚并（1，2－b）呋喃－2－酮］应用最多。

吸器作为寄生植物的特殊器官（见图 1-1），是寄生植物吸取寄主营养物质的通道和联系寄主的桥梁，具有连接、侵入并从寄主获取各种物质的功能，同时也是寄生植物与寄主进行水分、矿质营养、siRNAs、mRNAs、病毒、糖类、蛋白质等物质交流的场所，功能吸器的形成标志着寄生植物和寄主之间寄生关系的建立。寄生植物的吸器由其根或茎维管束鞘初生组织细胞分化而来，能够穿透寄主的表皮和皮层，最终与寄主维管束连接。茎寄生植物（如菟丝子）种子萌芽后，幼苗或成熟的茎缠绕寄主（见图 1-1），缠绕处向寄主茎的中柱鞘或皮层部分的细胞脱分化，形成吸器原基，吸器原基细胞分裂伸长，穿过自身的皮层和表皮，并突破寄主茎的表皮、皮层，最终到达寄主维管组织，从中分化出木质部和韧皮部，使吸器与寄主维管组织相连，开始行使吸器吸收功能。

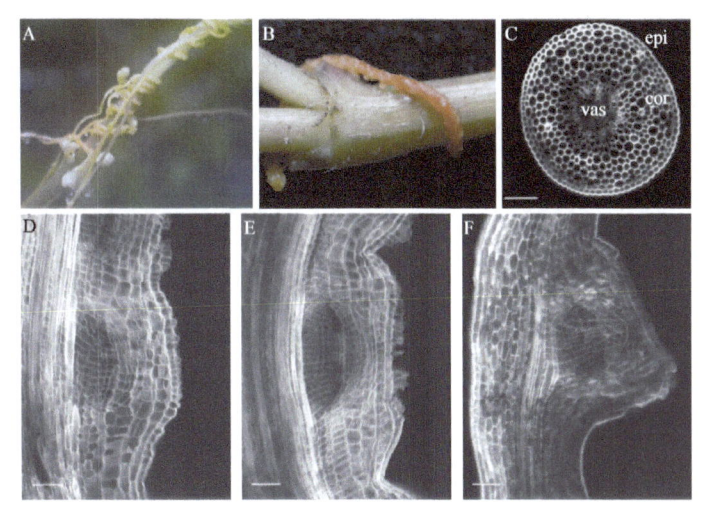

图 1-1　菟丝子吸器发育（Kirschner et al.，2023）

注：（A，B）菟丝子寄生三叶藻；（C）菟丝子茎横截面；（D~F）萌发吸器的菟丝子茎的纵截面；cor：皮层；epi：表皮；vas：维管组织。标尺：50 μm。

根寄生植物（如列当、锁阳、独脚金等）种子萌发后，根生长缓慢，皮层膨大，表皮细胞分化为根毛状结构或小乳突状突起，根毛状结构和小乳突状突起均可分泌胶状物质，这些物质帮助吸器贴附寄主根部。随后，吸器顶端的表皮细胞开始变化，细胞质浓缩，并伴随细胞核增大；这些细胞延伸后形成特殊的细胞，即入侵细胞，入侵细胞在酶促活动和机械压力的共同参与下完成入侵过程。吸器到达寄主的木质部后，一些入侵细胞在顶端穿孔，形成管状结构，进而转变为木质部导管分子，负责吸器早期发育的皮层内部核心细胞开始分裂并分化为原形成层，或直接分化为木质部成分，进而建立寄生植物与寄主间的维管组织联系。除木质部联系之外，一些列当属寄生植物在吸器中还会形成韧皮部细胞，与寄主的韧皮部建立联系。至此，吸器发育成熟，开始行使吸收功能（见图 1-2）。研究表明，类黄酮类、对羟基酸类、醌类、细胞分裂素和环己烯氧化物这五类化学物质为有活性的吸器诱导因子（Hausterium-Inducing Factors，HIFs）。

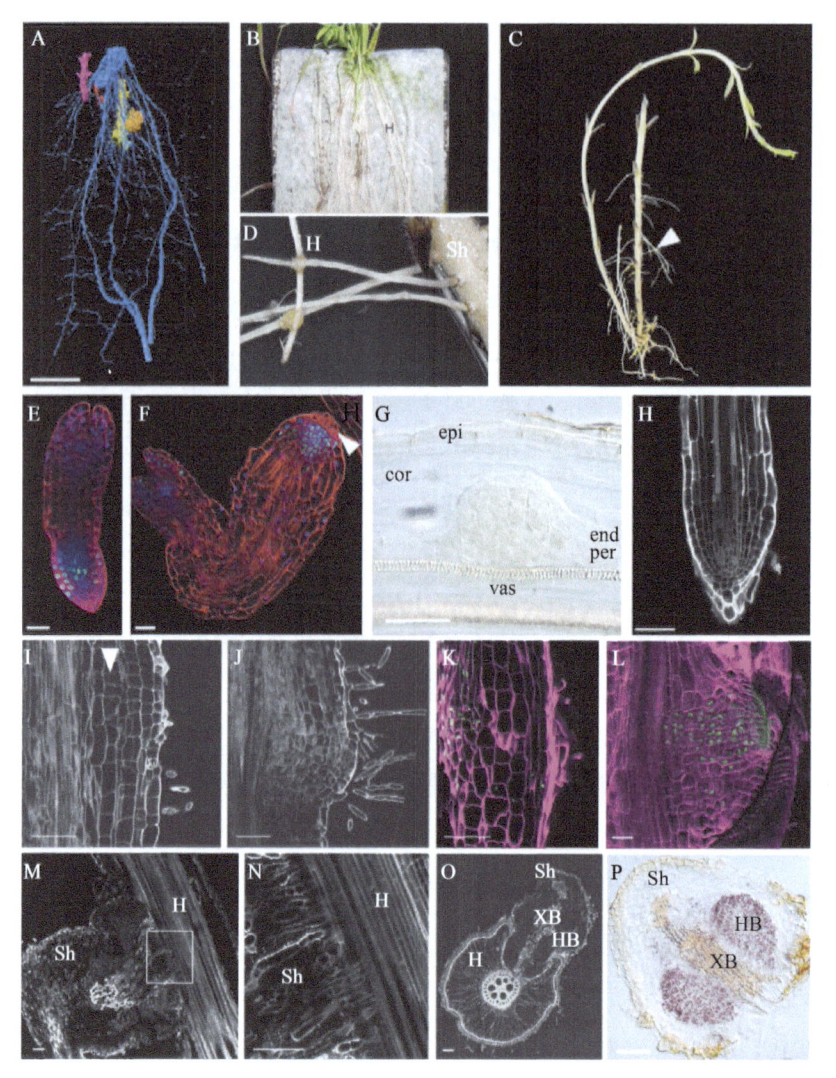

图 1-2 独脚金侧生吸器发育（Kirschner et al., 2023）

注：(A~D) 独脚金寄生水稻；(E, F) 独脚金幼苗在萌发后 (E) 和附着于寄主根之前的根分生组织 (F)，箭头指向吸器毛；(G) 独脚金侧根原基；(H) 独脚金侧根顶尖；(I~L) 独脚金侧生吸器纵截面；(M, N) 寄生在寄主上的吸器纵剖面；(O, P) 寄主根上的独脚金侧生吸器的横截面。cor：皮层；end：内皮层；epi：表皮；H：寄主；HB：透明小体；per：中柱鞘；Sh：独脚金；vas：维管束；XB：木质部桥。标尺：20 μm (A, B)；50 μm (E~P)。

全世界已发现的寄生植物大约有22科，296属，4 900多种，占被子植物的1%左右，包括乔木、灌木、藤本和草本所有的植物生长型。我国共有寄生植物

12科，50属，745种，其中，根寄生植物有645种，茎寄生植物有100种；半寄生植物有665种，全寄生植物有80种。这些寄生植物中以列当科（Orobanchaceae）、桑寄生科（Loranthaceae）、檀香科（Santalaceae）、旋花科（Convolvulaceae）、玄参科（Scrophulariaceae）和樟科（Lauraceae）种类最多，对农作物危害最严重。

寄生植物种类多，寄生方式多样，应依据其种类采取不同的防治措施。随种子和植物材料调运传播的寄生种子植物，应以植物检疫为主，如列当和菟丝子。还可根据寄生植物的特点，结合农业栽培措施进行防治，如在菟丝子开花前割除其植株并深埋。列当可通过与禾本科等非寄主作物轮作换茬进行防治。在木本植物上营半寄生或重寄生植物，可采用人工砍除清除寄生植物，不让其开花结籽，如桑寄生应在其果实成熟前铲除寄主上的吸根和匍匐茎。对一些寄生在农作物的全寄生植物，除采用人工拔除外，还可采用抗性品种筛选、免疫诱抗、生物防治、化学防治等综合防治措施（见表1-1）。

表1-1 主要寄生性杂草的防治措施（Aly，2007）

技术		寄生植物			
		独脚金	列当	菟丝子	槲寄生
预防	国家检疫	+	+	+	+
	国际检疫	+	+	+	-
栽培	作物轮作	+	+	+	-
	播种日期	+	+	+	-
	化肥	+	-	-	-
	灌溉	+	-	-	-
	有机物	+	+	-	-
	管理措施	+	+	+	+
	寄主抗/耐性	+	+	-	+
化学方法	化学熏蒸	+	+	+	-
	除草剂	+	+	+	+
	萌发抑制剂	+	+	-	-

续表

技术		寄生植物			
		独脚金	列当	菟丝子	槲寄生
物理方法	种子库消除	−	−	+	+
	人工拔除	+	+	+	+
	烧毁	−	−	+	+
	深耕	+	+	+	+
	土壤暴晒	+	+	+	+
生物方法	生防昆虫	+	+	+	−
	生防真菌	+	+	+	−
综合治理		+	+	+	+

注:"+"为有效,"−"为无效。

■ 第二节 哪些寄生植物属于列当

列当（Broomrape）是列当科（Orobanchaceae）植物中以寄生方式生活的一个类群，其寄主包括草本或木本植物。狭义上，列当特指列当科（Orobanchaceae）列当属（*Orobanche*）植物。其分类隶属于被子植物门（Angiospermae），双子叶植物纲（Dicotyledoneae），合瓣花亚纲（Sympetalae），管状花目（Tubiflorae）。列当科（Orobanchaceae）包含约90个属，2 000多种，分布范围广泛，在我国已报道的有9个属，40个种和3个变种，主要集中分布在西部地区，少数分布在东北部、北部、中部、西南部和南部地区。列当科植物多为多年生、二年生或一年生草本，其中大多数不含或几乎不含叶绿素，依靠根寄生于其他植物根部获取养分。该科植物是唯一一个包含完整生活方式过渡阶段（从自养到半寄生和全寄生）的植物类群。列当科植物成员包括自养植物（如钟萼草属（*Lindenbergia*）、地黄属（Rehmannia）和崖白菜属（Triaenophora））、半寄生植物（如独脚金属（Striga asiatica））及全寄生植物（如列当属（Orobanche）和肉苁蓉属（Cistanche））。其中部分全寄生植物（如列当属（Orobanche））和半寄生植物（如独脚金属（Striga asiatica））对农业生产具有严重威胁，尤其对谷类、豆类、瓜类等重要作物。它们通过吸器与寄主建立寄生关系，以牺牲寄主生长发育为代价，从寄主获取生长发育所需的营养物质，从而降低农作物的产量，是重要农田中的恶性寄生性杂草。例如，列当属植物中，常春藤列当（Orobanche hederae）为专性寄生植物，仅寄生于欧洲常春藤（Hedera helix L.），其寄主范围较窄；而瓜列当（P. aegyptiaca）则具有较广泛的寄主范围，常寄生于甜瓜（Cucumis melo）和黄瓜（Cucumis sativus L.）等作物，对瓜类危害极大。而如肉苁蓉属（Cistanche）、草苁蓉属（Boschniakia）、列当属（Orobanche）的一些植物具有药用价值，这些植物为列当科植物的研究和利用提供了多样化的方向。

　　狭义的列当是指列当科（Orobanchaceae）列当属（Orobanche）植物，本书所述的列当均指的是列当属植物。列当属（Orobanche）植物因其叶片退化，无叶绿素，无法进行光合作用，只能通过吸器与寄主维管束连接，当吸器与寄主建立寄生关系之后，除了可以从寄主获取自身生长发育所需的水分和营养物质，还能与寄主交换 siRNAs、mRNAs、病毒、糖类、蛋白质以及除草剂等分子物质，这种复杂的分子交换机制是列当属植物难以通过化学除草剂防治的主要原因。

　　番茄、向日葵、瓜类、马铃薯和烟草等多种重要农作物被列当寄生后，寄主生长发育受到严重影响，导致植株矮小、黄化，严重时甚至死亡，对作物的产量和品质造成不可逆的影响。列当能产生大量细小的种子，种子极易通过自然和人为因素进行近距离和远距离传播，且能在土壤中以休眠状态存活数十年之久，从而在土壤中形成丰富的土壤种子库。一旦列当传入新区域，将很难根除，因此将其列为重要的植物检疫对象。

　　列当对全球多个国家的农业生产造成了严重威胁。在欧洲和亚洲的一些国家和地区，如西班牙、摩洛哥、突尼斯等，因向日葵列当严重发生导致向日葵减产超过80%。在伊朗，列当寄生造成烟草、番茄和马铃薯等作物减产15%～40%。意大利的加工番茄产业也因列当寄生而遭受毁灭性打击。在我国，列当的危害同样不容忽视。向日葵列当已广泛分布于我国西北五省、东北三省以及河北、山西等地，其中内蒙古自治区（简称内蒙古）和新疆维吾尔自治区（简称新疆）部分地区的危害尤为严重，严重发生地块已不能继续种植向日葵，严重威胁我国向日葵产业的发展。瓜列当在新疆已造成多个地区甜瓜减产，严重时发生地块甚至出现大面积绝收，造成加工番茄减产 30%～80%，并造成西瓜、籽瓜、豆类、向日葵、甜叶菊等不同程度减产，危害极大。

列当属是列当科中最大的属，自 1753 年由林奈以 *O. major* L. 为模式首次建立描述以来，其分类研究仍不完整。已知的列当属种类有近 200 种，主要分布于北温带，少数分布于中美洲南部和非洲东部及北部。我国现有列当属 23 种，3 变种，1 变型，主要分布于新疆、吉林、甘肃、黑龙江、河北、山东、山西、陕西、辽宁、青海、内蒙古、四川等省（自治区），其中新疆报道的列当种类最多，占比最大且危害最严重。目前，列当与寄主分子交换机制及其长期存活的土壤种子库是研究的重点领域。这些特性不仅增加了列当防治的难度，也对农业生产的可持续发展构成了重大挑战。因此，加强列当的基础研究和防控措施，对于减少农业损失、保障粮食安全具有重要意义。

第三节　列当的形态学和生物学特征

列当属是全寄生型的草本寄生植物，多年生、二年生或一年生，茎直立，植株常被蛛丝状长绵毛、长柔毛或腺毛，极少近无毛；茎常不分枝或有分枝，圆珠状，肉质，基部等同地上茎或稍膨大；叶鳞片状，常呈螺旋状排列，或生于茎基部的叶通常紧密排列成覆瓦状，卵形、卵状披针形或披针形，缺少合成光合作用的叶绿素；花多数，排列成穗状或总状花序，极少单生于茎端，花两性，白、米黄、粉红或蓝紫色，具有康乃馨香味或无香味，花序排列紧密或松散，花两侧对称排列；苞片 1 枚，披针形，形状与叶片相似，苞片上方有 2 枚小苞片或无小苞片，小苞片常贴生于花萼基部，极少生于花梗上，无梗、几乎无梗或具极短的梗；花萼杯状或钟状，颜色与叶片相似，基部合生且颜色淡，顶端 4 浅裂或近 4～5 深裂，偶见 5～6 齿裂，或花萼 2 深裂至基部或近基部，而萼裂片的全缘或顶端 2 齿裂；花冠二唇形，长 15～18 mm，稍弯曲，上、下唇长度差异较大，上唇龙骨状、全缘，或呈穹形，且其顶端微凹或2浅裂，下唇顶端3裂，短于、近等于或长于上唇；雄蕊4枚，2强，内藏，花丝纤细，着生于花冠筒的中部以下，基部常增粗并被柔毛或腺毛稀近无毛，花药2室，平行，能育，卵形或长卵形，无毛或被短柔毛或被长柔毛，雄蕊着生以下的花冠部分膨大；雌蕊柱头由2合生心皮组成，花柱稍下弯，子房上位，卵形，1室，侧膜胎座4，具多数倒生胚珠，花柱伸长，常宿存，柱头膨大，盾状或2~4浅裂；蒴果大部分呈椭圆形或卵形，熟后2纵裂，散出大量尘末状种子；种子极小，长度大多在0.2~0.5 mm，大部分形状为倒卵形、长圆形或近球形，表面形状各异，表面光滑或具网状中心凹陷纹饰，网脊和网壁光滑，网眼底部具细网状纹饰或具蜂巢状小穴（见图1-3）。

图1-3　向日葵列当的形态学特征（Cao et al.，2023）

注：（A）向日葵列当对向日葵生产的危害（张莉摄）；（B）开花期的向日葵列当花序（张莉摄）；
（C）花的侧视图；（D）花的正视图；（E）展开的花冠及内部雄蕊群；（F）雌蕊；
（G）柱头；（H）单个雄蕊；（I）子房；（J）子房的纵切图；（K）花药；
（L）苞片；（M）展开的花萼；（N）茎及茎上的腺毛。

列当以种子进行繁殖，一株列当可产生 $1 \times 10^5 \sim 5 \times 10^5$ 粒种子，一株繁茂的瓜列当甚至可产生 300 万粒以上的种子。列当种子可通过受污染的土壤、水（流动）、风力传播到其他地块，也可通过黏附在动物皮毛上，或通过农具如犁、锄头、耙子以及人的衣服、鞋子等进行近距离传播。本地、国内、国际贸易以及种子交换调运和植物材料运输等有助于列当种子的远距离传播。列当种子只有在感受到寄主根系分泌物等外源萌发刺激物作用后才开始萌发，不萌发的种子在土壤中可存活 5~10 年，合适条件下可存活 30 年以上，在条件适宜时，种子可终年萌发。一旦列当传入，短期内就可以造成严重危害和损失。

列当完成生活史要经过预培养、种子萌发、与寄主建立寄生关系三个阶段。完成后熟的列当种子必须在一定温度、湿度条件下，吸水膨胀预培养 3~7 d，在外源萌发刺激物的作用下才开始萌发并长出芽管；芽管趋向寄主根生长，当到达寄主根部后，在吸器诱导因子的作用下形成吸器；吸器与寄主根接触后，其顶端表皮细胞分化形成侵入细胞（Intrusive Cells）；在物理压力和细胞壁降解酶的作用下，侵入细胞通过入侵寄主表皮和皮层组织到达寄主维管束，与寄主根的木质部、韧皮部连接。列当在侵入寄主，与寄主木质部连接后不久，开始异养生长，以牺牲寄主的养分为代价，与寄主夺取自身发育所需的水分和营养物质，从而对寄主的生长造成严重影响。在列当与寄主维管束连接后不久，留在寄主根外的列当部分则会发育为一个具有储藏功能的器官——结节（Tubercle）。随着结节的发育，在结节周围形成大量的次生根，而这些次生根具有形成侧生吸器和连接的功能，在形成次生根不久后，列当地下幼茎从结节中长出。幼茎露出土壤表面后，开始加速生殖器官的发育，列当开花至结籽仅需要 5~7 d，结籽至种子成熟需要 13~15 d，完成一个生育期需 35~40 d。在没有合适的温度、湿度及寄主条件下，列当种子进入休眠期。进入休眠期的种子可在土壤中维持数十年的活力（见图 1-4）。

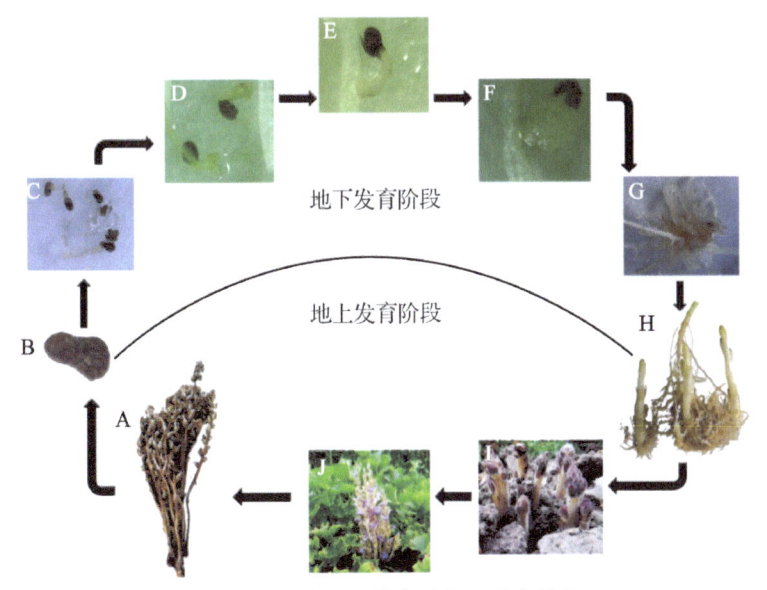

图 1-4　瓜列当寄生甜瓜的生活史（曹小蕾等，2020）

注：（A）含有成熟种子的蒴果结籽及开裂；（B）显微镜下的瓜列当种子（大小为 0.19~0.22 mm）；（C）瓜列当种子萌发（该阶段是在寄主、诱捕植物根系分泌的萌发刺激物或天然合成的萌发刺激物的作用下，列当种子长出一个具有感知和吸附能力的透明芽管）；（D）在吸器诱导因子的作用下，列当芽管停止伸长，在芽管顶端分化出吸器，吸器的主要功能是在吸器乳突细胞层的介导下吸附在寄主根表面；（E）萌发后 2~3 d 形成吸器组织的列当吸附在寄主根表面，未与寄主维管束连接；（F）列当在与寄主维管束连接后，开始发育形成小结节，用于储藏从寄主获得的营养；（G）结节发育形成大量的次生根；（H）结节顶端分化出幼茎组织（*Orobanche* 在结节顶端形成单茎组织，*Phelipanche* 在结节顶端形成多茎组织）；（I）地下幼茎露出地面；（J）开花期的列当和授粉（一些列当既可以异花授粉也可以自花授粉，但主要以自花授粉为主，而一些列当只能通过自花授粉进行繁殖）。

第四节　列当种类及其形态特征

《中国植物志》（1990）报道与新疆有关的列当属植物有 10 种，王文采等（1990）发现列当属在新疆有 12 种；崔乃然（1993）报道新疆有 9 种列当属；张金兰等（1995）调查鉴定新疆有 8 种列当属。新疆已有文献报道的列当种类见表 1-2。

表1-2 新疆已有文献报道的列当种类

编号	列当种类	参考文献 王文采等	参考文献 崔乃然	参考文献 张金兰等
1	瓜列当（埃及列当）（*O. aegyptiaca*）	√	√	√
2	向日葵列当（*O. cumana*）	×	×	√
3	弯管列当（二色列当、欧亚列当）（*O. cernua*）	√	√	×
4	淡黄列当（*O. sordida*）	√	√	×
5	美丽列当（*O. amoena*）	√	×	√
6	毛列当（*O. caesia*）	√	√	√
7	丝毛列当（*O. caryophyllacea*）	√	×	√
8	长齿列当（*O. coelestis*）	√	√	×
9	列当（*O. coerulescens*）	√	×	√
10	短齿列当（*O. kelleri*）	√	√	×
11	缢筒列当（*O. kotschyi*）	√	√	√
12	短唇列当（*O. major*）	√	√	√
13	多齿列当（*O. uralensis*）	√	√	×
14	长苞列当（*O. solmsii*）	×	×	×

注："√"有相关报道，"×"无相关报道。

一、瓜列当（*O. aegyptiaca*）

瓜列当曾经被翻译成埃及列当、分枝列当，《中国植物志》的规范名称为瓜列当，为一年生寄生草本植物，主要分布于地中海区东部、阿拉伯半岛、非洲北部、伊朗、巴基斯坦、喜马拉雅及克里米亚、高加索和中亚等地区，以及我国的新疆地区。瓜列当主要寄生于田间或庭院的甜瓜、番茄、甜叶菊及向日葵等作物上；株高15～50 cm，全株被腺毛；茎坚挺，具条纹，自基部或中部以上分枝；叶卵状披针形，长0.8～1 cm，宽2～4 mm，苞片、小苞片、花萼及花冠外面密被腺毛；花序穗状，花较稀疏，苞片贴生花梗基部，卵状披针形或披针形，长

0.6~1 cm，宽3~4 mm；小苞片2枚，线形，与苞片近等长或稍长；下部花具1~2 mm长的短梗，向上渐无梗；花萼短钟状，长1~1.4 cm，近中部4~5裂，裂片线状披针形，顶端线状钻形，近等大；花冠蓝紫色，长2~3.5 cm，近直立，筒部长2 cm，花丝着生处缢缩，向上渐漏斗状膨大；上唇2浅裂，裂片长圆形，长6~7 mm，宽约5 mm，下唇3裂，长于上唇，裂片近圆形或卵形，直径约5 mm，所有裂片全缘或边缘浅波状，被长柔毛；雄蕊4，花丝着生于距筒基部6~8 mm处，长1~1.2 mm，基部增粗，疏被柔毛，向上渐被短腺毛或变无毛；花药卵形，长1.8~2 cm，沿缝线密被开展的白色绵毛状长柔毛；雌蕊长2.2~2.6 cm，子房椭圆形，花柱长1.8~2 cm，被短腺毛，柱头2浅裂，裂片半圆形；蒴果长圆形，长0.8~1.2 cm，直径0.6 mm；种子长卵形，种皮网状，长0.4~0.6 mm，直径0.25 mm，种皮具网状纹饰，网眼底部具网状纹饰；花期4—6月，果期6—8月（见图1-5）。

图1-5 加工番茄田中的瓜列当及其形态特征
（左图：姚兆群摄；右图：曹小蕾摄）

注：(A) 花序；(B) 花侧视图；(C) 花正面图；(D) 花内部图；(E) 花萼；(F) 展开的花萼；(G) 苞片；(H) 雌蕊；(I) 雄蕊群；(J) 花药；(K) 柱头；(L) 花粉（白色箭头）；(M) 成熟的蒴果。

二、向日葵列当（*O. cumana*）

向日葵列当又名毒根草、兔子拐棍，为一年生寄生草本植物，主要分布于美国、俄罗斯、匈牙利、捷克、斯洛伐克、保加利亚、希腊、意大利、缅甸、印度、哥伦比亚，以及我国的河北、北京、新疆、山西、内蒙古、黑龙江、辽宁、吉林等地区。向日葵列当寄主广泛，主要危害向日葵、西瓜、甜瓜、豌豆、蚕豆、胡萝卜、芹菜、烟草、亚麻、番茄等作物；株高一般 20～54 cm；茎直立，单生，肉质，有纵棱，黄褐色至褐色，无叶绿素；没有真正的根，靠短须状的假根侵入向日葵须根组织内寄生；叶片小，无叶柄，叶退化为鳞片状，螺旋状排列在茎上；花两性，呈紧密的穗状花序排列，每株有花 50～70 朵，最多 207 朵；花蓝紫色，长 10～20 mm，花冠合瓣，2 唇形，上唇 2 裂，下唇 3 裂；花萼 2 深裂，每裂片顶端 2 裂；雄蕊 4 枚，2 长 2 短，2 个长的位于 2 个短的之间，着生于花冠内壁上；花丝白色，枯死后呈黄褐色；花药 2 室，下尖，黄色，纵裂；雌蕊 1 枚，柱头膨大呈头状，柱头多 2 裂，个别 3 裂，花柱下弯，子房上位，由 4 个心皮合成 1 室，也有 5～8 个心皮合成 1 室；蒴果大部分为椭圆形，成熟后 3～4 纵裂，呈深褐色，内含大量深褐色粉末状的微小种子；每个蒴果有种子 1 500～2 000 粒，种子呈不规则形，坚硬，种脐不明显，种皮表面有脊状凸起的方形大网纹，网纹中有形状规则的小网眼，大小差异较大，约为 0.25 mm×0.3 mm，初期较为柔软呈淡黄色，成熟后逐渐坚硬呈灰黑色（见图 1-6）。

图 1-6　向日葵列当（左图：赵思峰摄；右图：Ashutosh Sharma 摄）

注：(A) 花；(B) 出土幼茎；(C) 花茎一部分；(D) 茎部腺毛；(E) 苞片；(F) 花的侧面；(G) 花的正面；(H) 花萼；(I) 花冠外部；(J) 花冠内部；(K) 展开花冠；(L) 雄蕊着生在花冠上；(M) 雌蕊；(N) 成熟蒴果；(O) 子房（横切）；(P) 种子。

三、弯管列当（*O. cernua*）

弯管列当又名二色列当、欧亚列当，为一年生、二年生或多年生寄生草本植物，主要分布于中欧、地中海区、爱沙尼亚、拉脱维亚、立陶宛、俄罗斯、白俄罗斯、乌克兰、摩尔多瓦、高加索、西伯利亚及中亚、亚洲西部和蒙古等地区，以及我国的吉林西部（长岭）、内蒙古、河北、山西、陕西、甘肃、青海和新疆等地区。弯管列当主要寄生于针茅草原、山坡、林下、路边及沙丘上的蒿属（*Artemisia* L.）植物或谷类植物根上；株高 15~35（40）cm，全株密被腺毛；茎黄褐色，圆柱状，不分枝，直径 0.6~1.5 cm；叶三角状卵形或卵状披针形，长 1~1.5 cm，宽 5~7 mm，连同苞片、花萼和花冠外面密被腺毛，内面近无毛；花序穗状，长 5~20（30）cm，具多数花；苞片卵形或卵状披针形，长 1~1.5 cm，宽 5~6 mm；花萼钟状，长 1~1.2 cm，2 深裂至基部，或前面分裂至基部，而后面仅分裂至中部以下或近基部，裂片顶端常 2 浅裂，极少全缘，小裂片线形，常是后面 2 枚较长，前面 2 枚较短，先端尾尖；花冠长 1~2.2 cm，在花丝着生处（特别是在花期后）明显膨大，向上缢缩，口部稍膨大，筒部淡黄色，在缢缩处稍扭转向下膝状弯曲；上唇 2 浅裂，下唇稍短于上唇，3 裂，裂片淡紫色或淡蓝色，近圆形，边缘不规则的浅波状或具小圆齿；雄蕊 4 枚，花丝着生于距筒基部 5~7 mm 处，长 6~8 mm，无毛，基部稍增粗；花药卵形，长 1~1.2 mm，常无毛；子房卵状长圆形，花柱稍粗壮，长 6~8 mm，无毛，柱头 2 浅裂；蒴果长圆形或长圆状椭圆形，长 1~1.2 cm，直径 5~7 mm，干后深褐色；种子长椭圆形，长 0.4~0.5 mm，直径 0.18 mm，表面具网状纹饰，网眼底部具蜂巢状凹点；花期 5—7 月，果期 7—9 月（见图 1-7）。

四、淡黄列当（*O. sordida*）

淡黄列当主要分布于俄罗斯西西伯利亚南部和中亚的东部地区，以及我国的塔城地区。淡黄列当株高 25~30 cm；茎圆柱状，高 15~20 cm，被极短的腺毛，基部稍增粗；叶卵状长圆形，长 1~1.2 cm，宽 4 mm，外面近无毛；花序穗状，短圆柱形，长 8~12 cm，宽 2.5~3 cm；苞片长圆状披针形，长约 1 cm，宽 4~5 mm，连同花萼和花冠外面疏被短腺毛，内面变无毛；花萼 2 裂达基部，与苞片近等长或稍短，裂片披针形，2 裂达近中部，稀全缘，小裂片狭披针形，稍不等长，长 4~6 mm，先端渐尖；花冠淡黄色，稍下弯，长 2~2.2 cm，在花丝着生处稍溢缩，口部稍扩大；上唇 2 浅裂，裂片半圆形，长 2~2.5 mm，宽 4 mm，下唇 3 裂，裂片长圆形，长 3~4 mm，宽 3~3.5 mm，中间的稍长，全部裂片全缘或具不明显的小齿；花丝着生于距筒基部 4~6 mm 处，长 0.8~1 cm，基部稍膨大，疏被柔毛，向上渐变无毛，花药椭圆形，长约 1.8 mm，疏被短柔毛；雌蕊长约 1.5 cm，子房长圆形，花柱长 1 cm，疏被短腺毛，顶端稍下弯，柱头 2 深裂，裂片近圆形；蒴果倒卵状长圆形，长 0.8~1 cm，直径 5 cm；花期 5—7 月，果期 7—9 月（见图 1-8）。

图 1-7 弯管列当（苏光耀，2020；中国植物图像库）

注：（A）植株；（B）花序；（C）苞片；（D）雄蕊；（E）花丝；（F）成熟植株。

图 1-8 淡黄列当（中国植物图像库）

五、美丽列当（*O. amoena*）

美丽列当为二年生或多年生寄生草本植物，主要分布于伊朗、阿富汗、巴基斯坦、喜马拉雅西北部及俄罗斯的中亚地区，以及我国的新疆东北部地区。美丽列当主要寄生于蒿属（*Artemisia* L.）及豆科的植物根上；株高 15～30 cm，茎直立，近无毛或疏被极短的腺毛，基部稍增粗；叶卵状披针形，长 1～1.5 cm，宽约 0.5 cm，连同苞片、花萼及花冠外面疏被短腺毛，内面无毛；花序穗状，短圆柱形，长 6～12 cm，宽 3.5～5 cm；苞片与叶同形，长 1～1.2 cm，宽 3.5～4.5 mm；花萼长 1～1.4 cm，常在后面裂达基部，在前面裂至距基部 2～2.5 mm 处，裂片顶端又再 2 裂，小裂片披针形，稍不等长，长 5～7 mm，先端长渐尖或尾状渐尖；花冠近直立或斜生，长 2.5～3.5 cm，在花丝着生处变狭，向上稍缢缩，然后渐漏斗状扩大；裂片常为蓝紫色，筒部淡黄白色，上唇 2 裂，裂片半圆形或近圆形，长 2.5～3.5 mm，宽 3.5～5 mm，下唇长于上唇，3 裂，裂片近圆形，直径 0.4～0.6 cm，裂片间具宽 3～4 mm 的褶，全部裂片边缘具不规则的小圆齿；花丝着生于距筒基部 6～8 mm 处，近白色，长 1.4～1.6 cm，上部被短腺毛，基部稍膨大，密被白色长柔毛，花药卵形，顶端及缝线密被绵毛状长柔毛；雌蕊长 2～2.2 cm，子房椭圆形，花柱长 1.2～1.5 cm，中部以下近无毛，上部疏被短腺毛，柱头 2 裂，裂片近圆形，直径 1～1.5 mm；蒴果椭圆状长圆形，长 1～1.2 cm，直径 3～4 mm；种子长圆形，长约 0.45 mm，直径 0.25 mm，表面具网状纹饰，网眼底部具蜂巢状凹点；花期 5—6 月，果期 6—8 月（见图 1-9）。

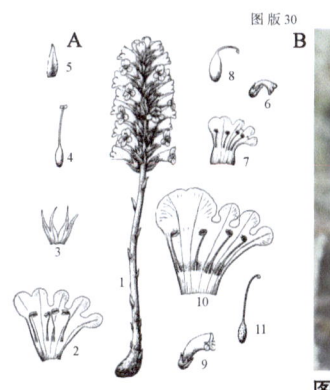

图 1-9　美丽列当

注：（A）1～5 为美丽列当；1. 植株；2. 花冠展开；3. 花萼展开；4. 雌蕊；5. 苞片；6～8 为缢筒列当；6. 花侧面观；7. 花冠展开；8. 近成熟的果实；9～11 为大花列当；9. 花侧面观；10. 花冠展开；11. 雌蕊（《中国植物志》第 69 卷 图版 30；中国植物图像库）；（B，C）美丽列当图片（中国植物图像库）。

六、毛列当（*O. caesia*）

  毛列当为多年生或二年生寄生草本植物，主要分布于欧洲中部及南部、伊朗、阿富汗、克什米尔、巴基斯坦及土库曼斯坦、哈萨克斯坦、吉尔吉斯斯坦、塔吉克斯坦、乌兹别克斯坦，以及我国的新疆东北部、吉林乾安及西藏西部（札达）等地区。毛列当主要寄生于海拔800～2 900 m的山坡及灌丛中的蒿属（*Artemisia* L.）、绣线菊属（*Spiraea* L.）及小檗属（*Berberis* L.）植物根上；株高15～30 cm，茎坚挺，直径3～5 mm，下部近无毛，上部密被蛛丝状长柔毛并混生短腺毛，基部不增粗或稍增粗；叶多数，常宽披针形，长1～1.7 cm，宽3～4 mm；花序穗状，卵形或短圆柱形，长5～10（13）cm，宽3～3.5 cm，顶端钝圆，具较密的花；苞片卵状披针形，与花萼近等长，长1.2～1.5 cm，连同叶、小苞片和花萼裂片外面及边缘密被白色蛛丝状绵毛状柔毛，并混生短腺毛；小苞片2枚，披针形或线状披针形，比花萼短，长0.8～1 cm；无梗或下部的花具1～2 mm长的短梗；花萼钟状筒形，长1～1.4 cm，后面2裂至离基部3～4 mm处，前面2裂至离筒基部5～6 mm处，裂片顶端2浅裂；小裂片披针形，稍不等长，长4～6 mm，具1凸起的主脉；花冠紫色或淡蓝紫色，长2～2.5 cm，在花丝着生处缢缩，向上渐膨大并弓状弯曲；上唇2裂，裂片近三角形或半圆形，长2～3 mm，宽3～4 mm，顶端常尖，下唇伸长，稍长于上唇，3裂，裂片椭圆形或长圆形，长4～5 mm，宽3～4 mm，全部裂片外面及边缘密被长柔毛并混生腺毛；花丝着生于距筒基部6～8 mm处，长约8 mm，无毛，花药长卵形，长1.8～2 mm，无毛，基部具短的小尖头；雌蕊长1.2～1.6 cm，子房椭圆球形，花柱无毛或疏被短腺毛，柱头2浅裂；蒴果长椭圆球形，长约1 cm，直径5 mm；种子长椭圆形，长约0.45 mm，直径0.12 mm，具网状纹饰，网眼底部有网状纹饰；花期3—6月，果期6—9月（见图1-10）。

七、丝毛列当（*O. caryophyllacea*）

  丝毛列当为一年生寄生草本植物，主要分布于中欧、俄罗斯西伯利亚及伊朗等地区，以及我国的新疆东部及北部阿尔泰山区。丝毛列当主要寄生于拉拉藤属（*Galium* L.）植物的根部；茎直立，高15～30 cm，直径1～1.5 cm，褐红，基部棍棒状增粗，下部近无毛，上部疏被腺毛并混生少数长柔毛；叶卵状披针形或披针形,长 2~2.5 cm,宽 4~6 mm,内面无毛,外面及边缘疏被腺毛;花序穗状,圆柱状,长 10~20 cm,宽 2.5~3 cm;苞片卵状披针形,与花近等长或稍短,长 2~3 cm,宽 4~5 mm,连同花萼外面及边缘密被腺毛,并混生少数长柔毛;花萼长 1~1.2 mm,分裂度有变化,常 2 裂达近基部,或在前面短合生,在后面裂达近基部,裂片披针形,全缘或 2 深裂;小裂片线状披针形,不等大,长 4~8 mm,常具 3 脉,先端长渐尖;花冠黄色,长 2~3.5 cm,直立地展开,在花丝着生处上部不缢缩并稍膨大,向上渐明显膨大;上唇龙骨状,顶端凸起成小尖头或稍微凹,下唇 3 裂,裂片近圆形,近等大或中间 1 枚稍大,直径 4~5 mm,全部裂片两面和边缘被短腺毛,边缘具不规则圆齿状小牙齿或波状;花丝着生于距筒基部 3~4 mm 处,长 1~1.2 cm,基部和下部密被白色长柔毛,向上毛渐变少,花药长圆形,长 1.8~2 mm,沿缝线被白色短柔毛;雌蕊长约 1.6 cm,子房狭椭圆形,花柱长 1 cm,被短腺毛,柱头 2 裂,裂片圆球形,直径 1 mm;蒴果长圆形,长 1~1.2 cm;种子长圆形,长 0.4~0.5 mm,直径 0.25 mm,种皮网状;花期 5—7 月,果期 7—9 月(见图 1-11)。

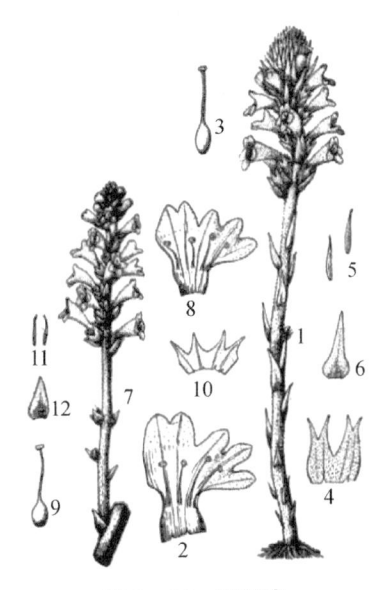

图 1-10 毛列当

注:1~6 为毛列当;1. 植株;2. 花冠展开;3. 雌蕊;4. 花萼展开;5. 小苞片;6. 苞片;
7~12 为光药列当;7. 植株一部分;8. 花冠展开;9. 雌蕊;10. 花萼展开;11. 小苞片;
12. 苞片(《中国植物志》第 69 卷 图版 26)。

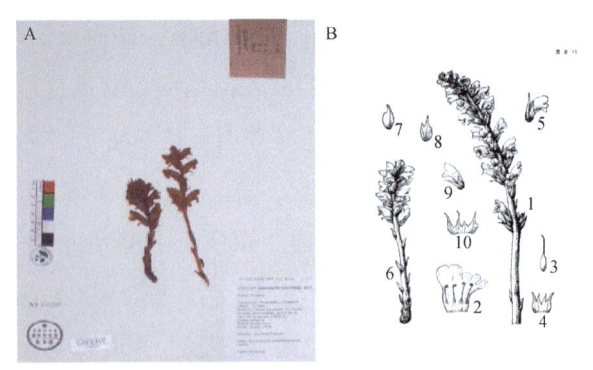

图 1-11　丝毛列当

注：(A) 丝毛列当标本（中国数字植物标本馆）；(B) 1~4 为短唇列当；1. 植株一部分；2. 花冠展开；3. 雌蕊；4. 花萼展开；5. 白花列当花侧面观；6~8 为滇列当；6. 植株；7, 8. 花萼裂片；9, 10 为丝毛列当；9. 花侧面观；10. 花萼展开（《中国植物志》第 69 卷 图版 31；中国植物图像库）。

八、长齿列当 (*O. coelestis*)

长齿列当为二年生寄生草本植物，主要分布于地中海区东部、土耳其、伊朗、巴基斯坦及帕米尔等地区，以及我国的新疆南部地区。长齿列当主要寄生于矢车菊属（*Centaurea* L.）、菊蒿属（*Tanacetum* L.）、刺芹属（*Eryngium* L.）、姜味草属（*Micromeria* Benth.）、糙苏属（*Phlomis* Lim.）及百里香属（*Thymus* Lim.）等植物根上；株高 15~40 cm，茎淡黄色，中部宽 2~7 mm，基部稍增粗，不分枝，被白色腺毛，下部变无毛；叶少数，卵状披针形或披针形，长 1~1.5 cm；花序穗状，卵形或圆柱形，顶端圆或端渐尖，长 6~18 cm，具多而密的花；苞片卵状披针形，长 0.8~1.8 cm，连同小苞片、花萼和花冠被短腺毛；小苞片狭披针形或线形，具脉，干时外卷，比花冠短；下部的花具稍长的花梗，向上渐变无梗；花萼短钟状，亮褐色，长 1~1.5 cm，顶端 4 裂，裂片狭披针形，长为花冠的 2/3，顶端钻状；花冠筒状，蓝色，基部微白色，内面被柔毛，长 1.8~2.6 cm，在花丝着生处收缩，向上稍膨大，近直立；上唇 2 裂，裂片椭圆形，顶端常渐尖，下唇稍长于上唇，3 裂，裂片椭圆形或圆形，边缘不规则浅波状，偶具小牙齿；花丝着生于筒部溢缩处，基部疏被柔毛并略增粗，上部被稀少腺毛，极少全体无毛，花药被稀少的绵毛状柔毛，基部具小尖头；子房椭圆球形，花柱短，被短腺毛，柱头 2 裂；蒴果与子房同形，长 0.9~1.1 cm；种子椭圆球形或球形，长 0.4~0.6 mm，种皮网状；花期 5—6 月。

九、列当（*O. coerulescens*）

列当为二年生或多年生寄生草本植物，主要分布于朝鲜、日本和格鲁吉亚、亚美尼亚、阿塞拜疆、西伯利亚、远东及中亚地区，以及我国的东北、华北、西北地区以及山东、湖北、四川、云南和西藏地区。列当主要寄生于沙丘、山坡及沟边草地上蒿属（*Artemisia* L.）植物的根上；株高 15（10）~40（50）cm，全株密被蛛丝状长绵毛；茎直立，不分枝，具明显的条纹，基部常稍膨大；叶干后黄褐色，生于茎下部的较密集，上部的渐变稀疏，卵状披针形，长 1.5~2 cm，宽 5~7 mm，连同苞片和花萼外面及边缘密被蛛丝状长绵毛；花多数，排列成穗状花序，长 10~20 cm，顶端钝圆或呈锥状；苞片与叶同形并近等大，先端尾状渐尖，无小苞片；花萼长 1.2~1.5 cm，2 深裂达近基部，每裂片中部以上再 2 浅裂，小裂片狭披针形，长 3~5 mm，先端长尾状渐尖；花冠深蓝色、蓝紫色或淡紫色，长 2~2.5 cm，筒部在花丝着生处稍上方缢缩，口部稍扩大；上唇 2 浅裂，极少顶端微凹，下唇 3 裂，裂片近圆形或长圆形，中间的较大，顶端钝圆，边缘具不规则小圆齿；雄蕊 4 枚，花丝着生于筒中部，长 1~1.2 cm，基部略增粗，常被长柔毛，花药卵形，长约 2 mm，无毛；雌蕊长 1.5~1.7 cm，子房椭圆体状或圆柱状，花柱与花丝近等长，常无毛，柱头常 2 浅裂；蒴果卵状长圆形或圆柱形，干后深褐色，长约 1 cm，直径 0.4 cm；种子多数，干后黑褐色，不规则椭圆形或长卵形，长约 0.3 mm，直径 0.15 mm，表面具网状纹饰，网眼底部具蜂巢状凹点；花期 4—7 月，果期 7—9 月（见图 1-12）。

图 1-12 列当（中国植物图像库）

十、短齿列当（*O. kelleri*）

短齿列当为二年生寄生草本植物，主要分布于俄罗斯西西伯利亚、亚美尼亚、哈萨克斯坦东部及阿尔泰南部等地区，以及我国的新疆南部地区。短齿列当主要寄生于地肤属（*Kochia prostrata* (L.) Schrad.）、矢车菊属（*Centaurea* L.）及蓝刺头属（*Echinops* L.）植物根上；株高25 cm，茎淡黄褐色，基部稍膨大，中部直径6~7 mm，向上渐变细，直径约4 mm，被短腺毛；叶少数，三角状卵形或宽披针形，长0.8~1 cm；花冠淡黄色，筒部略为白色，裂片檐部边缘有时淡紫色，干后变淡黄色，长1.8~2.2 cm，筒的下部稍膨大，上部缢缩，再向上几乎不膨大，外面被短腺毛；上唇近直立，卵形，稍尖或钝，下唇稍展开，3裂；花丝着生于距筒基部5~7 mm处，无毛或基部多少被短柔毛，花药干后白色，从基部到缝线被一小簇柔毛；花柱无毛，柱头黄色。花序穗状，短圆柱形，稀圆柱形或卵圆形，长约14 cm，顶端稍尖，具多而稍密的花；苞片短卵形，长6~9 mm，连同小苞片和花萼外面被短腺毛；小苞片线状钻形，比苞片稍短；花萼宽钟状，长0.8~1.1 cm，果期稍伸长，淡褐色，具稍明显的脉，顶端4裂，裂片三角形或三角状披针形，长约为萼筒的1/2；花期6—7月。

十一、缢筒列当（*O. kotschyi*）

缢筒列当为二年生或多年生寄生草本植物，主要分布于伊朗、阿富汗、巴基斯坦和俄罗斯中亚地区，以及我国的新疆北部地区。缢筒列当主要寄生于刺芹属（*Eryngium* L.）和绣线菊属（*Spiraea* L.）植物根上；株高30~50 cm，全株密被白色蛛丝状长绵毛；茎直立，具条纹，基部呈棍棒状增粗；叶披针形，长1~1.5 cm，宽约5 mm，生于茎下部的外面无毛，上部渐密被白色蛛丝状长绵毛；花序穗状，圆柱形，长10~20 cm，宽3~4 cm，顶端稍钝；苞片披针形，比叶稍长，长1.5~2 cm，顶端长渐尖，连同花萼外面密被白色蛛丝状长绵毛，花萼长1~1.2 cm，2深裂达基部，每裂片在中部以下2裂，小裂片线状披针形，长5~7 mm；花冠蓝紫色，长2~2.5 cm，在花丝着生处稍膨大，中部明显缢缩，向上渐扩大并强烈弓状弯曲，外面疏被柔毛，内面变无毛；上唇全缘或微凹，下唇3裂，裂片椭圆形，近等大或中间的稍大，边缘波状或有小圆齿，裂片间具褶；花丝着生于距筒基部6~8 mm处，长0.8~1 cm，基部被柔毛，向上渐变无毛，花药长圆形，长1.8~

2 mm，沿缝线密被白色长柔毛；子房长圆状椭圆形，花柱长 1.2~1.4 cm，疏被柔毛或无毛，柱头 2 浅裂；蒴果长圆形，长 1~1.4 cm，种子卵状椭圆形，长 0.3~0.5 mm，种皮网状；花期 5—7 月，果期 7—9 月（见图 1-13）。

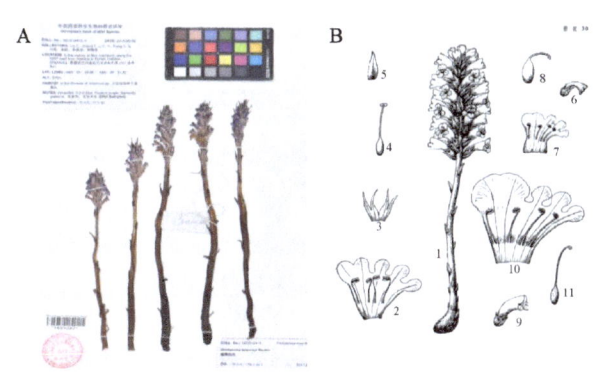

图 1-13　缢筒列当

注：(A) 缢筒列当标本；(B) 1~5 为美丽列当；1. 植株；2. 花冠展开；3. 花萼展开；4. 雌蕊；5. 苞片；6~8 为缢筒列当；6. 花侧面观；7. 花冠展开；8. 近成熟的果实；9~11 为大花列当；9. 花侧面观；10. 花冠展开；11. 雌蕊（《中国植物志》第 69 卷 图版 30；中国植物图像库）。

十二、短唇列当（*O. elatior*）

短唇列当异名 *O. major*，主要分布于欧洲中部和南部、地中海区西部、巴尔干半岛、伊朗、印度、喜马拉雅及土库曼斯坦、哈萨克斯坦、吉尔吉斯斯坦、塔吉克斯坦、乌兹别克斯坦，以及我国的新疆北部、甘肃南部及湖北西部地区。短唇列当生于山坡、林下及沙砾地；株高 25~45 cm；茎直立，密被短腺毛并混生白色长柔毛，基部稍增粗；叶稀少，卵状披针形或披针形，长 1.5~2 cm，基部宽约 4 mm，连同苞片和花萼外面及边缘密被腺毛；花序穗状，长 6~15 cm，宽 2.5~3.5 cm，具多数花；苞片与叶同形并近等大，几乎无梗；花萼长 1~1.3 cm，口部宽 3.5~4.5 mm，不整齐 2 深裂，后面裂达基部，前面裂至距基部 4~5 mm 处，裂片卵状披针形，常不整齐 2 浅裂，极少全缘；花冠钟状，黄色或黄褐色，长 2~2.5 cm，弧状弯曲，在花丝着生处上方渐膨大，口部极扩大；上唇全缘或顶端微凹，长 7~9 mm，下唇短于上唇，3 裂，裂片近长圆形，常中间裂片稍大，全部裂片外面被腺毛，边缘具不规则的小牙齿状小圆齿，无毛；花丝着生于距筒基部 4~5 mm 处，长 0.8~1 cm，基部疏被短柔毛，中部以上渐被腺毛，老后渐变无毛，花药长卵形，长 1.5~1.8 mm，沿缝线被短柔毛；雌蕊长 1.6~1.8 cm，子房椭圆形，上部连同花柱疏被腺毛，花柱长约 1 cm，柱头 2 浅裂；蒴果长圆形，长 1~1.2 cm，直径 3~4 mm；种子长圆形，长 0.4 mm，直径 0.26 mm，表面具网状纹饰，网眼底部具蜂巢状凹点；花期 5—7 月，果期 7—9 月（见图 1-14）。

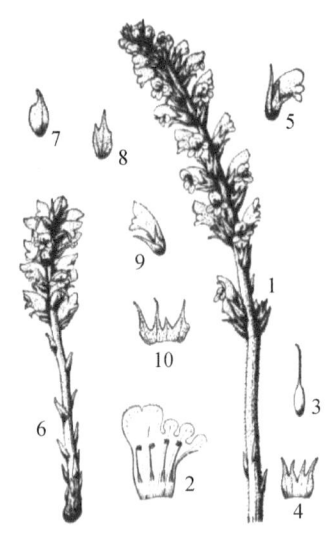

图 1-14　短唇列当

注：1~4 为短唇列当；1. 植株一部分，2. 花冠展开；3. 雌蕊；4. 花萼展开；5. 白花列当花侧面观；6~8 为滇列当；6. 植株；7, 8 为花萼裂片；9, 10 为丝毛列当；9. 花侧面观；10. 花萼展开（《中国植物志》第 69 卷 图版 31）。

十三、多齿列当（*O. uralensis*）

多齿列当为多年生寄生草本植物，主要分布于东欧、俄罗斯的西西伯利亚及中亚地区，以及我国的新疆尉犁地区。多齿列当株高 15~20 cm；茎较细弱，不分枝，密被黄白色短腺毛；叶卵状披针形，长约 1 cm，宽约 0.4 cm，连同苞片、小苞片、花萼及花冠外面和边缘被黄白色短腺毛；花序穗状，短圆柱状，具稀疏的少数花；苞片卵状披针形，比花萼短，长 5~7 mm；小苞片线状披针形，贴生于花萼基部，长约 0.8 cm，先端渐尖；花萼钟状，长 0.9~1.1 cm，常 4~5 裂达近中部，有时偶见某个裂片具单齿，裂片披针形，稍不等大，长 3~6 mm，宽 1~3 mm；花冠蓝紫色，长 2~2.2 cm，不明显的二唇形；上唇 2 裂，下唇 3 裂，与上唇近等长,全部裂片近圆形,直径 3.5~4.5 mm,边缘被短腺毛,具不整齐的小圆齿;花丝着生于距筒基部 2~3 mm 处,长 7~9 mm,近无毛,花药长卵形或椭圆球形,长 1.8~2 mm,沿缝线及顶端密被白色绵毛状长柔毛,基部具小尖头;雌蕊长 1.5~1.6 cm,子房长椭圆球形,花柱长约 1 cm,疏被短柔毛,柱头 2 浅裂;果实未见;花期 7—9 月(见图 1-15)。

图 1-15 多齿列当

注:1~8 为瓜列当;1,2 为植株;3. 花冠展开;4. 雌蕊;5. 雄蕊;6. 花萼展开;7. 小苞片;8. 苞片;9~15 为中华列当;9,10 为植株;11. 花冠展开;12. 雌蕊;13. 花萼展开;14. 小苞片;15. 苞片;16~18 为多齿列当;16,17. 花萼展开;18. 小苞片(《中国植物志》第 69 卷 图版 27)。

十四、长苞列当(*O. solmsii*)

长苞列当为二年生或多年生寄生草本植物,主要分布于巴基斯坦、克什米尔地区和喜马拉雅山区,以及我国的西藏西部(吉隆)和东南部(米林)地区。长苞列当主要寄生于独活属(*Heracleum* L.)植物根上;株高 15~20 cm,全株密被白色长柔毛,并混生短腺毛,根较粗壮,圆柱状;茎长 10~15 cm,直径 1~1.3 cm,基部明显增粗;叶披针形或长披针形,长 2~2.5 cm,宽 3~4 mm,连同苞片和花萼外面及边缘密被白色长柔毛并混生短腺毛,顶端长渐尖;花序穗状,短圆柱状,长 5~10 cm,宽 2.5~3 cm,顶端稍钝;苞片披针形或狭披针形,常比花长,长 1.2~1.6 cm,基部宽 2~3 mm,先端近钻状线形;花萼长约 9 mm,2 深裂达基部，每裂片顶端2齿裂；小裂片线形，先端钻状，后面2枚较长，长约5 mm，前面2枚长2.5~3 mm；花冠深黄色，长1.3~2 cm，稍前倾弯曲，外面密被短腺毛；上唇微凹，下唇稍短于上唇，3裂，裂片近圆形，全部裂片边缘具不大明显的小圆齿；花丝着生于距筒基部2~3 mm处，长约8 mm，基部疏被柔毛，向上渐无毛，花药长圆形，长1.4~1.8 mm，无毛；雌蕊长1~1.2 cm，子房长圆形，花柱长约6 mm，疏被短柔毛，柱头2浅裂；果实长圆形，长约1 cm，直径3~5 mm；种子长圆形，长约0.4 mm，直径0.2 mm，表面具网状纹饰，网眼底部具蜂巢状凹点；花期5—6月，果期6—8月。

第五节　农业上严重发生的列当种类

吴海荣等（2006）报道在新疆造成农作物严重危害的列当有四种，分别是瓜列当（*O. aegyptiaca*）、大麻列当（*O. ramosa*）、向日葵列当（*O. cumana*）和弯管列当（欧亚列当，*O. cernua*），四种主要列当的分布及危害寄主范围和形态学识别要点见表1-3和表1-4。

2009—2012年，本课题组在新疆列当发生区采集列当样品。连续三年时间，课题组分别从伊犁哈萨克自治州、昌吉回族自治州、巴音郭楞蒙古自治州、哈密市、吐鲁番市、石河子市、塔城地区、阿勒泰地区、喀什地区、和田地区的加工番茄、甜瓜、西瓜、籽瓜、向日葵、南瓜、辣椒、豇豆等农作物和苍耳、黄花蒿等杂草上收集列当样品93份。根据已报道有关列当形态特征，选取株高、香味、分枝情况、茎部直径、花冠等25个性状作为研究指标，对收集的样品进行相关统计和分析。依据新疆地区列当的形态性状对其进行聚类分析，所有样品被分为两大类。第一大类包含了所有分枝的列当，寄主广泛，形态特征丰富，对农作物的危害严重，并分为四个亚组，来自二师的样品构成第一亚组，和田、巴楚、四师的样品构成第二亚组，伽师县、奎屯市、十三师的样品构成第三亚组，来自塔城地区的样品构成第四亚组。第二大类包含了所有不分枝的列当，寄主范围窄，包含食葵、油葵、加工番茄，该大类部分地区的样品聚集在一起。将采集的种子统一在相同环境下重新种植后，形态与采集时存在差异，例如，部分样品茎部扁平的性状消失，茎部颜色差异尤为明显，这表明环境对列当的形态有较大影响。

表1-3 四种主要列当的分布及危害寄主范围

列当	国内分布	国外分布	生境	主要寄主范围	主要寄主作物
瓜列当	新疆	地中海区东部，阿拉伯半岛，非洲北部，伊朗，巴基斯坦，喜马拉雅及克里米亚，高加索和中亚等地区	田间，庭院，海拔140～1 400 mm	葫芦科，菊科，茄科，伞形科，十字花科	哈密瓜，向日葵，番茄，西瓜，甜瓜，黄瓜
向日葵列当	新疆，河北，北京，山西，内蒙古，黑龙江，吉林，甘肃，陕西，青海，辽宁	美国，俄罗斯，匈牙利，捷克，斯洛伐克，保加利亚，希腊，意大利，缅甸，印度，哥伦比亚	田间，庭院	菊科，茄科，葫芦科	向日葵，烟草，番茄，红花
大麻列当	新疆，甘肃	地中海东部，阿拉伯半岛，非洲北部，喜马拉雅和中亚	庭院，海拔140～1 400 mm	大麻科，茄科，葫芦科	大麻，烟草，番茄，胡萝卜，甜瓜
弯管列当	吉林，甘肃，陕西，青海，内蒙古，新疆，河北，山西	欧洲，中亚，西亚	针茅草原，沙丘，山坡，林下，路边，海拔500～3 000 m	菊科	番茄，烟草，茄子，向日葵

表1-4 四种主要列当的形态学识别要点

列当	株高	茎	叶	花序	花	花萼	蒴果	种子
瓜列当	15~50 cm	中部以上分枝，被腺毛	卵状披针形，黄褐色	疏松穗状	有2小苞片，花药有毛	钟状，浅4裂	长圆形	网眼近方形，底部具网状纹饰
向日葵列当	30~40 cm	不分枝，被浅黄色腺毛	微小，无柄	紧密穗状	有1小苞片	2深裂，每裂片顶端2裂	卵形或梨形	种脐黄，纹饰孔椭圆形
大麻列当	10~20 cm	基部多分枝	小，黄色	紧密穗状	有2小苞片，花药有毛	钟状，浅4裂	卵形或椭圆形	种脐黄，表面有光泽
弯管列当	15~40 cm	不分枝，被浅黄色腺毛	微小	松散穗状	无小苞片，花丝无毛	钟形，2深裂，每裂片顶端2裂	卵形	种脐不显，纹饰孔圆形

为了进一步明确新疆农田生境中的列当种类，本课题组分别采用简单重复区间序列（ISSR）分子标记技术及内转录间隔区（ITS）和 *rps* 2 序列测序分析对 93 份样品进行了分子辅助鉴定。通过形态学观察结合分子辅助鉴定结果，明确了新疆农田生境中主要有 2 种列当，分别是瓜列当和向日葵列当，其中瓜列当又分为 3 个亚种，向日葵列当分为 4 个亚种或生理小种。

第二章
新疆农田中危害最严重的两种列当

■ 第一节 列当在新疆的分布和导致危害难以防治的原因

据2021年《全国农业植物检疫性有害生物分布行政区名录》统计，我国新疆、内蒙古、黑龙江、河北等9省（自治区）166个县（市、区）都有列当属杂草分布（中华人民共和国农业农村部，2021），并有进一步扩散的趋势，其中新疆和内蒙古分布面积最大。目前，列当在新疆5个自治州、7个地区的90多个县市以及新疆生产建设兵团11个农业师、20多个农牧团场均有发生，其中包括巴音郭楞蒙古自治州、伊犁哈萨克自治州、哈密市、吐鲁番市、和田和喀什地区等30多个县市，新疆生产建设兵团第二师、第三师、第四师、第五师、第六师、第七师、第八师、第九师、第十师、第十二师和第十三师等20多个农业团场。据调查，新疆每年受列当危害的农作物面积为5.3万~6.7万 hm^2[①]，造成经济损失超过5.0亿元，因缺少切实可行有效的防治措施，灾害发生面积逐年增加，现已基本遍布新疆全区，危害日益加重（姚兆群等，2017）。

列当通过吸器侵入寄主根内与之建立寄生关系，吸收寄主的营养物质和水分。被寄生植物表现出生长缓慢、矮化、黄化、萎蔫或枯死，对其他病虫害等不良条件的抵抗能力下降。列当不仅在我国新疆、内蒙古、黑龙江、河北等9省（自治区）对农业生产造成严重危害，也是世界上危害农业生产、限制农业发展的重要寄生杂

---

① hm^2：公顷，1 hm^2 = 10 000 m^2。

草之一，轻则导致作物减产、品质下降，重则导致作物绝收。列当危害严重且难以防治的原因主要有以下几个方面。

一、易导致作物减产或绝收

列当寄主范围广，新疆很多重要的经济作物都可被寄生，如甜瓜、西瓜、籽瓜、番茄、向日葵、甜叶菊、辣椒、豆类作物等。列当寄生到寄主根部后，生长非常迅速，且一株寄主可被多株列当寄生。作物苗期被列当寄生后，寄主不能正常生长，植株矮小，严重的甚至干枯死亡。作物后期被寄生，植株生长缓慢、萎蔫、早衰或枯死，产量降低，品质下降，严重时导致绝收。新疆每年受瓜列当危害造成 1 500～2 000 hm² 甜瓜绝收，3 500～5 500 hm² 甜瓜严重减产。2012 年，新疆喀什地区疏附县乌帕尔乡种植的 100 hm² 甜瓜因瓜列当寄生而绝收，造成直接经济损失 1 000 多万元。目前，在哈密市南湖乡、第十三师淖毛湖农场以及伊犁哈萨克自治州部分县市的甜瓜上列当危害较为严重。加工番茄受影响面积约为 7 000 hm²，个别地块寄生率达 100%，通常可造成减产 20%～60%，严重时导致加工番茄绝收（张学坤等，2012）。目前，在新疆南疆巴音郭楞蒙古自治州焉耆回族自治县及兵团第二师焉耆垦区、北疆的昌吉回族自治州昌吉市、玛纳斯县等县市以及塔城地区塔额垦区的加工番茄上列当危害严重，有些地块已无法继续种植加工番茄。新疆作为向日葵主产区之一，受列当危害情况同样严重，有报道指出当向日葵被向日葵列当寄生时，寄生率可达 72%～90%，向日葵减产 40%～50%。向日葵列当在阿勒泰地区及第十师北屯市周边团场、昌吉回族自治州奇台县等地已造成很多地块减产或绝收（余蕊等，2014）。据多年调查，新疆受列当危害的农作物面积为 5.3 万～6.7 万 hm²，且有进一步扩大的趋势，每年造成的经济损失超过 5.0 亿元（姚兆群等，2017）。

二、种子繁殖量大且土壤种子库难以消除

列当种子繁殖量大，一株列当可产生 5 万～10 万粒种子，每株生长发育茂盛的瓜列当甚至可产生几十万至上百万粒种子，主要分布在 5～10 cm 深的土壤中（王焕等，2016）。列当种子生命力顽强，可在农田土壤中越冬，在无萌发刺激物存在情况下，可在土壤中存活 10～15 年；有萌发刺激物存在时，每年仅有 1%～2% 的种子萌发。即使种植一些诱捕植物诱发其种子萌发来铲除列当土壤种子库，效果也不佳。当条件适宜时，列当种子甚至能够在土壤中存活 30 年以上，

因此农田土壤一旦被列当种子污染，根治起来非常困难。新疆巴音郭楞蒙古自治州焉耆回族自治县及兵团焉耆垦区的部分团场因土壤中列当种子数量大、危害严重，当地农民已经放弃种植加工番茄而改种加工辣椒等其他经济作物。

三、传播蔓延速度快

列当种子非常细小，像粉尘一样，可随风力、流水、人畜活动、耕作机械等多种途径传播，甜瓜、番茄、向日葵等作物种子调运过程中若未进行严格检疫，也会通过人为传播进一步加快其扩散速度。同时，列当种子可通过农田灌水流到达下游无列当寄生的田块。过去列当只在南疆地区危害甜瓜等作物，现在在全疆各地甜瓜、加工番茄、向日葵等重要经济作物上都有分布，且危害日益严重。

四、具有独特的生物学特性

列当种子接收到萌发刺激物信息后开始萌发，胚根部位的细胞快速分裂并延伸形成根系，胚根顶端膨大，与寄主根部相连接的部位形成一个吸器，随后吸器释放降解酶溶解寄主根部的组织，穿透寄主维管束，完成与寄主维管束的连接，与寄主建立寄生关系。列当开始通过与寄主维管束连接从寄主体内劫掠自身生长发育所需要的水分和各种营养物质，建立寄生关系后胚芽迅速发育长出新植株，经过 7~14 d 钻出地面，形成可见的列当植株，列当长出花茎后 6~9 d 开始开花，开花 7~10 d 后种子开始成熟，种子的成熟是从茎的下部向上部逐渐成熟，瓜列当从种子萌发到产生新的种子，完成其生活史需要 35~40 d。因列当与寄主建立寄生关系的过程发生在地下，且通过吸器与寄主的维管束组织连接，并与寄主交换 siRNAs、mRNAs、功能蛋白、功能基因等，所以在看到列当出土时，其已对寄主造成较大危害，出土后若采用人工拔除，一方面费时费力，另一方面会对寄主根部造成较大伤害，而采用除草剂进行喷洒，列当吸收除草剂后又会向寄主传递，从而对寄主造成药害。列当的这些特性也是导致其难以得到有效防治的原因。

第二节　向日葵列当

2019 年，全世界向日葵种植面积约 2 736.88 万 hm^2，总产量约

5 607.27 万 t。其中，俄罗斯种植面积最大，约 841.47 万 hm²，其次是乌克兰、阿根廷、罗马尼亚和坦桑尼亚，中国位居第六。向日葵列当主要寄生在双子叶植物根上，除寄生向日葵外，还可以寄生番茄、烟草、亚麻、艾属、苍耳、野莴、豆类和瓜类等植物，其中对向日葵、番茄和烟草的危害最为严重。向日葵列当对向日葵的危害已有 100 多年的历史，据 Morozov 报道，俄国境内在 19 世纪末 20 世纪初便发现列当对向日葵的危害（Morozov，1947）；西班牙 1958 年首次发现向日葵列当，直到 1993 年向日葵列当仍在迅速蔓延（García - Torres et al.，1994），到 1998 年，已有 4 万 hm² 向日葵因向日葵列当的危害而绝产撂荒（García - Torres et al.，1998）；20 世纪 50 年代，在引进抗向日葵列当品种之前，南斯拉夫的向日葵种植面积减少了 37%（Sauerborn，1991）；土耳其尽管种植了耐受性品种，但仍有 50% 以上的面积遭受到向日葵列当的中度危害（Parker，1994）；北非地区自 2010 年开始报道有向日葵列当，其危害发展迅速，短短两三年时间导致突尼斯和摩洛哥向日葵减产达 80% 以上（Amri et al.，2014；Nabloussi et al.，2018）；希腊曾有 10 000 hm² 向日葵受到向日葵列当的侵染，并造成 60% 的产量损失；我国曾有 20 000 hm² 向日葵被向日葵列当侵染，造成 20%~50% 的产量损失（Parker，2009）。此外，还有许多国家和地区如乌克兰、罗马尼亚、匈牙利、以色列、保加利亚、塞尔维亚等，向日葵列当发生与危害程度也十分严重（Schneeweiss，2010）。

世界向日葵主产国近年来食葵种植面积见表 2-1。

表 2-1　世界向日葵主产国近年来食葵种植面积（2019 年）

国家	向日葵总面积/(万 hm²)	食葵面积/(万 hm²)	食葵占比/%
俄罗斯	850	*	*
中国	59	56.00	95
乌克兰	640	19.00	3~5
土耳其	78	9.82	12
美国	56	6.27	11
阿根廷	186	3.00	2
塞尔维亚	22	1.15	5~10

注：* 俄罗斯食葵种植面积有待验证，约与乌克兰种植面积相当。

近5年来我国食葵种植面积基本保持平稳，年均种植面积在56万 hm² 上下波动，占全世界食葵总面积的1/2左右，种植区主要集中在北方10个省区，其中内蒙古种植面积约占全国总面积的3/4，其次是新疆和甘肃，河北、吉林、山西、陕西和黑龙江等省也有一定的种植面积。向日葵列当在我国各食葵种植区均有发生。20世纪，向日葵列当在我国还属于点片发生，危害较轻。然而，近年来随着向日葵种植面积逐渐扩大，其危害日趋严重，已由点片发生发展为普遍发生，在部分地区已造成毁灭性灾害，其中内蒙古和新疆尤为严重，对当地向日葵的生产造成了巨大损失（夏善勇等，2021）。吴文龙等2018年曾对新疆、吉林、内蒙古和河北4省（自治区）的78个向日葵生产田的列当寄生情况进行调查，结果发现60个生产田均受到不同程度的列当危害，发生频率高达76.9%，这表明向日葵列当已在我国向日葵产区普遍发生，甚至一些田块已无法继续种植向日葵，向日葵列当已成为制约我国向日葵产业可持续发展的主要寄生性杂草（吴文龙等，2020）。

内蒙古的向日葵种植面积约占全国的70%，面积和总产量均居全国首位（云晓鹏等，2021）。巴彦淖尔市是内蒙古乃至全国最大的向日葵生产地级市，其向日葵种植面积和产量均居内蒙古首位，占内蒙古向日葵种植面积和产量的60.9%和53.3%，占全国总产量的40%，向日葵已成为该地区的支柱产业，年种植面积超过30万 hm²（王靖等，2015）。2006年，向日葵列当在内蒙古巴彦淖尔地区只是零星发生，到2014年，该地区向日葵列当发生危害面积达到1.33余万 hm²，重发地块的比例占40%，列当的平均寄生率达72%，向日葵产量的降低幅度在30%~45%，严重地块寄生率达100%，寄生强度和寄生程度均超过30%，向日葵几乎绝收（赵秀红，2014）。除巴彦淖尔市外，内蒙古的鄂尔多斯市、兴安盟、通辽市、赤峰市、乌兰察布市、呼和浩特市和包头市等地向日葵列当也持续大面积发生危害，寄生率均在80%以上，损失惨重（白全江等，2013），察右中旗、四子王旗、达茂旗、固阳县、包头市等多数田块寄生率已达100%，甚至固阳县金山镇的某食葵田第一年种植向日葵，列当寄生率就达100%，寄生强度高达38.5%，单株向日葵上列当寄生数量高达118株，直接导致几万亩[①]向日葵绝收，经济损失惨重（吴文龙等，2020）。

---

① 1亩 = 666.7 m²。

吉林省因较适合向日葵种植且经济效益较好，向日葵连作现象十分普遍，导致向日葵列当危害也逐年加重。在20世纪80年代向日葵列当就已经引起人们的重视，但当时只有白城市洮南的那金乡等个别乡镇发生较重，邻近的东升乡、万宝镇相对发生较轻，洮北区的侯家乡只有零散发生，而在其他地区很难见到向日葵列当的危害。然而，到1993年，向日葵列当在洮南、通榆、大安、长岭、农安及洮北区等大部分向日葵种植区域普遍发生。2002年再次调查时，向日葵列当的危害已经十分严重（冷廷瑞等，2004）。据张义等2006年报道，吉林省向日葵列当发生十分严重，受害地块减产幅度达40%~70%，单株向日葵上寄生列当数最高达130个（张义等，2006）。向日葵也是山西省重要经济作物之一。王鹏冬等2003年报道山西省石楼县向日葵列当大面积发生，每株向日葵根部寄生数十株向日葵列当，有时达一二百株，最多可达300株以上，危害严重并呈现快速扩大的趋势（王鹏冬等，2003）；同年8月，临汾地区隰县70%（计1 092 hm^2）的向日葵受到向日葵列当危害，侵害田地危害率为15%~30%，点片发生每株向日葵寄生数最高达420株，与向日葵相邻的地块种植的烟草也受到列当不同程度的危害（胡建芳等，2004）。吕梁市在2007年普查中发现，向日葵列当主要分布在离石区、柳林县、兴县和临县的向日葵种植区，2013年发生面积达到620 hm^2，造成向日葵减产20%左右（高燕平等，2018）。向日葵列当现已成为当地向日葵生产上危害最严重的杂草，严重地破坏了当地的农业生产，对农民收入造成了极大的损失。陈秀芳报道2003年陕西省定边县全县范围内均发生向日葵列当的危害，危害面积占总播种面积的64%，发生危害轻的田块减产15%~25%，发生危害重的田块减产40%~50%（陈秀芳，2010）。1959年黑龙江省肇州县发现向日葵列当，20世纪80年代初向日葵列当曾在向日葵主产县大面积发生，但并没有传播蔓延，2003—2005年对向日葵主产县向日葵生产田调查发现，连作两年的向日葵田地，列当寄生率达90%以上，兰西、肇州、青冈、明水、富裕、拜泉和依安等县向日葵列当危害严重，并呈现日益严重的趋势（关洪江，2007）。近年来，向日葵列当对我国向日葵的影响日益加重，严重阻碍了我国向日葵产业的发展，如果不加以控制，将对向日葵产业造成毁灭性的影响。

新疆作为向日葵主产区之一，年种植向日葵约12万hm^2，目前向日葵列当在各产区危害情况均非常严重，有报道指出当向日葵被向日葵列当寄生时，寄生率可达72%~90%，减产40%~50%（余蕊等，2014）。2007年以前，新疆伊犁哈萨克自治州向日葵列当仅在个别区域发生，田间零星分布，危害很轻。2007年以后，向日葵列当在伊犁河谷特克斯县、新源县大面积发生且危害严重，现已遍及伊犁哈萨克自治州向日葵种植区的7县31个乡镇场和第四师2个团场。2011年，张映合等对伊犁哈萨克自治州向日葵列当的危害调查表明单株寄生列当数达38株以上，向日葵花盘直径、平均株高和茎粗较健株均降低58%以上，一旦向日葵被列当寄生，向日葵平均千粒重较健株降低55%以上（张映合等，2011b）。赵金龙等2007年的调查结果也显示，因向日葵列当危害，伊犁地区向日葵减产30%~35%（赵金龙等，2007）。吴文龙等2018年对博尔塔拉蒙古自治州4个向日葵田调查发现，4块田均有不同程度的列当发生，寄生率在16.7%~62.7%，寄生强度为1.42~20.74，属于中度危害，博州是许多向日葵种植大户青睐的"生地"，向日葵列当已经中度发生，重茬向日葵的风险值仍然很高，应该引起重视（吴文龙等，2020）。北屯市、阿勒泰市、布尔津县、吉木乃县、哈巴河县及农十师182团、185团、187团等地的16个向日葵田中仅有1块油葵地未被寄生，向日葵列当发生频率高达93.8%，60%以上的样田寄生率超过50%，30%以上的样田寄生率在75%以上，单株向日葵上寄生的列当数量多达115株，寄生强度高达26.3（吴文龙等，2020）。布尔津县自1995年开始种植向日葵，因与其他作物相比，种植向日葵经济效益突出，布尔津县种植面积逐年增加，2016年全县向日葵播种面积约10 933 hm^2，占全县农作物种植面积的38%，但向日葵列当发生非常普遍和严重，受害重的地块，株寄生率达58%~82%，每株向日葵上平均寄生29株列当，最多的达167株。被列当寄生后的向日葵株高降低10%左右，花盘直径缩小23%~36%，种子饱满度降低30%~40%，空壳率显著增加，产量降低，含油量下降，直接影响全县向日葵的产量和品质。

一、向日葵列当的危害规律

向日葵列当为全寄生植物，自身缺乏叶绿素，不能进行光合作用，完全依靠寄主提供营养。该杂草有着极其复杂的生活史，大致分为两个阶段：第一个阶段是成熟的种子在一定的温度、湿度条件下吸胀（有充足的水分，合适的温度（15~25 ℃），较高的土壤碱度（pH > 7.0）），之后在寄主释放的萌发刺激物诱导下萌发形成芽管；第二个阶段为寄生阶段，已萌发的种子接触到寄主根部会发育成吸器与寄主建立连接，向日葵列当通常会吸附于向日葵 5~10 cm 的侧根部位，通过吸器从寄主吸取营养和水分，向下产生吸根，且吸根长度可达 40 cm 以上，向上生长花茎部分，发育成茎出土后开花结实，完成整个生活史。向日葵列当依靠种子繁殖，每株列当可产生 6 万~10 万粒种子，其颗粒小若微尘，质量极轻，大小仅 200~400 μm，千粒重仅 15~25 mg，借助根茬、风力、水流、人畜等途径均可传播，尤其易随换种或远距离调种传播（陈明等，2009）。向日葵列当种子生命力极强，能够越冬，在 5~10 cm 深的土层中可存活 8~12 年。

向日葵列当的生长期较长，可达 8 个月，多在向日葵四周 50 cm 以内分布，具有较长的开花周期，且种子成熟时间也有很大的交叉性，在早霜期前都会持续结果。向日葵列当发生不整齐，贯穿于向日葵旺长期至成熟期，5 月上旬至 9 月下旬，在向日葵种植地区每天均有列当出土、开花、结实，即有的列当植株正在孕蕾，有的正在开花结实，因此就全田列当来说，其出土期、开花期、结实期是重叠的，无明显的分界线。

在新疆地区，向日葵列当发生期主要集中在每年的 6—10 月，6 月底—7 月初（向日葵现蕾期：播种后 35~45 d）为最早出土期，7 月上旬陆续萌发出土，出土时间不一，7 月下旬为大量出土期（向日葵普遍开花期：播种后 60~75 d），也是发生危害高峰期，8 月上旬为向日葵列当开花初期，8 月中旬—9 月上旬（向日葵籽粒充实期）为向日葵列当开花结籽盛期（张映合等，2011a）。由于向日葵列当花序是无限性、花期长、籽粒成熟不一致，在气候适宜、尚未冷凉前，少数向日葵列当一直开花结实，直到向日葵收割后，因失去营养供给而死亡。一般向日葵列当从出土至开花为 7 d 左右，从开花至结实为 7 d 左右，从结实至种子成熟历时 15 d 左右，从种子成熟至萌果开裂为 2 d 左右，即从列当幼苗出土至新种子扩散大约 30 d，向日葵列当出土期、出土盛期因向日葵播期、气候条件不同而有一定差异。向日葵列当在地下寄生阶段的危害最为严重，可直接导致寄主生长发育不良，造成减产甚至绝收。向日葵列当的寄生率非常高，基本在 50% 以上，严重的寄生率可达 100%。由于其特殊的生活史，造成危害的时期隐蔽不易被发现，一旦出土其危害已经无法挽回，给防治带来极大困难。

二、向日葵列当对向日葵的危害

向日葵列当通常在距向日葵植株周围 50 cm 范围内生长，其中在 1~10 cm 范围内向日葵列当寄生数量最多，11~20 cm 次之，21~30 cm 也会有一定数量的寄生，而 30 cm 以上只有零星出现。向日葵列当在地下寄生深度可达到 20 cm 处，土壤深度 0~20 cm 都有一定数量的向日葵列当，一般在表土 5~10 cm 处的向日葵侧根上分布最多，受害最重，主根或深根处寄生的较少，其次在 1~5 cm，个别也有寄生在 20 cm 深处。

向日葵列当寄生在向日葵的须根上后，向日葵体内营养和水分被列当消耗，对其他病虫害等不良条件的抵抗力下降，这造成向日葵植株生长缓慢、矮小、细弱，叶片小而发黄，节间拉长，病株叶数较健株少一两片，花盘瘦小，秕粒多，产量低，品质差，含油率下降（宋文坚等，2005）。向日葵整个生育期均可被列当寄生，在苗期被列当寄生后，不能形成花盘，甚至枯萎致死，受害严重的花盘凋萎、干枯或整株死亡。后期被寄生的向日葵植株虽能形成花盘和种子，但花盘小，籽粒多空瘪而不饱满，百粒重、含油量均下降，品质变劣，商品性变差。向日葵被列当寄生得越多，空秕粒就越多。当每株向日葵被 10 株列当寄生时，秕粒增加 50% 以上；向日葵列当寄生 20 株以上时，向日葵花盘小，严重的不能形成花盘，即使形成花盘也不结籽粒，甚至导致植株枯死（张映合等，2011b）（见图 2-1）。

图 2-1　向日葵田间向日葵列当的危害（胡玲军摄）

向日葵列当对向日葵株高、茎粗、花盘直径、千粒重的危害显著。列当侵染向日葵时，能够引起植株高度下降 6.4%，茎秆变细，生长缓慢甚至停滞，花盘直径下降 27.8%，籽粒的产量下降 70%，含油量也显著降低（云晓鹏等，2018）。多项研究表明，向日葵列当寄生危害后，可显著降低灌浆期植株叶面积指数，降低向日葵群体光合速率，进而影响干物质的合成与积累，并使干物质向籽粒转运减少，使向日葵减产（Hladni et al.，2010）。有研究统计，单株向日葵寄生 5 株列当时，株高比正常植株低 11.8%，茎粗比正常植株细 15.2%；寄生 40 株时，株高和茎粗分别降低 40.9% 和 39.2%。同时，单株向日葵上寄生 5 株列当，产量降低 63.76%；单株上寄生 10~20 株列当，产量降低 67.72%~74.26%；单株上寄生超过 51 株，向日葵将绝收。

三、向日葵列当对烟草的危害

向日葵列当还可以寄生危害烟草（*Nicotiana tabacum* L.）（见图 2-2），在世界各烟草种植区都有报道，在我国的河北、新疆、内蒙古、山西、辽宁、黑龙江、甘肃、山东等烟区局部都有发生危害。其中辽宁西部烟区阜新、内蒙古东部主产烟区赤峰、河北蔚县等烟区均已报道列当的侵入对烟叶生产带来较大经济损

图 2-2　向日葵列当对烟草的田间危害

注：（A，B）来自 http：//www.xnz360.com/50-151546-1.html；（C，D）孙畅摄。

失(杨蕾等，2011)。所有栽培的烟草都会受到列当寄生的危害，其中黄花烟（*Nicotiana rustica*）受害最重，在我国西北地区，黄花烟上的列当较多。随着烟草和向日葵等寄主种植面积的增加和种植年限的累积，列当发生面积逐年扩大，危害逐年加重，对我国烟草生产造成严重威胁。

1986年，韩晓东首次报道列当在新疆烟草上发生危害，并鉴定为向日葵列当。调查发现，列当在伊犁、霍城等地发生较多，并在吉木萨尔县黄花烟上调研发现，烟草被向日葵列当的寄生率达28.7%，一株烟草上最多的可寄生43株向日葵列当（韩晓东等，1986）；2007年，赵金龙在伊犁地区调查表明，向日葵列当对伊犁烤烟产量影响较大，第一年向日葵列当寄生于烤烟上，使烤烟减产50%左右（赵金龙等，2007）。1995年蔚县普查表明，全县0.27万 hm^2 烟田的列当平均寄生率为23.1%，最高地块达38.5%，烟草被列当寄生后产量和质量明显降低，严重减产27.98%，产值减少30.37%（王凤龙等，1998）。孔令晓等对烟草及向日葵上列当的发生及生物防治的研究表明，向日葵和烟草均能刺激向日葵列当的萌发，且近些年来向日葵列当在河北省部分烟草和向日葵种植地大量发生，危害严重（孔令晓等，2006）。2011年8月陈德鑫等于甘肃省庆阳市烟区调查时，首次发现当地烟草田中有部分列当，甘肃省向日葵上寄生的列当早有报道，且发生极为普遍，甘肃省常是重发区，可能是农事操作、风雨、人畜、连作或环境因素等综合作用导致列当种子分散到烟草田，寄生于烟草根部（陈德鑫等，2012）。辽宁西部烟区阜蒙县、建平县和北票市列当危害严重，个别烟株上寄生百余株列当，发生面积约800 hm^2，绝收面积多达60 hm^2，且连年呈现不断上升趋势（吴元华等，2011）。

在烟草田中，列当于6月底开始出土，但发生率很低，7月底、8月初进入发生高峰，8月底、9月初开始开花结籽，9月中旬以后衰退枯死。一株列当从出土到开花约14 d，开花到结籽5~7 d，结籽到成熟13~15 d，全生育期28~30 d，且同一烟株上列当出土先后不一，大田列当生长期可延长50 d左右，即贯穿于烟叶旺长期至成熟期（苏光耀，2020）。被寄生的烟草发育不良，一般较健株矮，寄生重者植株矮小瘦弱，烟叶褪绿变黄，变薄易碎，甚至枯死，烟叶的氮、钾含量，可溶性糖含量及总灰分量下降（唐嘉成等，2013），严重影响烟叶的产量和品质，列当寄生株数越多，烟株生长就越差，这已成为当地黄花烟生产障碍之一（马晓峰，

2018），如果没有有效的防治列当的方法，将严重影响烟草业的发展。

四、向日葵列当对加工番茄的危害

河套灌区巴彦淖尔市加工番茄的种植面积仅次于新疆，居国内第2位，每年在2.7万 hm² 左右。2010年，在临河区狼山镇发现加工番茄田里向日葵列当零星发生，由于当地向日葵种植面积较大，年均种植面积在33.3万 hm² 左右，向日葵列当在寄生向日葵的同时，寄生加工番茄现象也逐渐蔓延。随着加工番茄种植区域和面积的加大，作物之间轮作不当，加工番茄列当发生逐渐严重，在巴彦淖尔市境内黄河北岸的河头地、大排干两边的乡镇，以及乌拉特前旗的大佘太、西小召、临河的双河镇、乌兰图克等加工番茄种植区域均有发生不同程度的向日葵列当，特别是黄河北岸的河头地发生相当严重，向日葵列当寄生面积大，防控困难（通乐嘎等，2016）（见图2-3）。

图2-3　加工番茄田中向日葵列当的危害（通乐嘎等，2016）

注：(A) 列当寄生加工番茄地下部分症状；(B) 列当寄生部位；(C) 列当地上部位；
(D) 列当寄生加工番茄植株矮化。

五、向日葵列当发生危害严重的原因

（1）向日葵列当繁殖能力惊人。每株向日葵列当可产生大量（约10万粒）

小如尘土的种子（直径200～400 μm，千粒质量仅有15～25 mg）（王焕等，2016）。

（2）向日葵列当生命力极强。向日葵列当种子多分布在5～10 cm耕作层内，在土壤中可存活20年之久（Johnson et al.，2010；Kebreab et al.，1999）。

（3）向日葵列当群体数量庞大。单株向日葵可寄生向日葵列当达30株，严重地块每株寄主可寄生向日葵列当200余株，产量损失巨大（石必显，2017）。

（4）向日葵列当寄主范围广。向日葵列当可危害向日葵、烟草、加工番茄等经济作物，而这些作物种植面积大且年限长，生育期又不一致，茬口交替时间很不集中，这些因素都容易造成向日葵列当发生及传播蔓延。

（5）向日葵列当传播力强。向日葵列当在田间依靠中心寄生株，经风雨、农具携带向四周扩散，先呈点片分布，后至全田。此外，向日葵列当种子也能借根茬、风力、水流、降水、人畜及农具等传播。在生产中，一些单位或个人片面追求经济效益而忽视检疫法规，擅自从疫区调运向日葵种子，致使种子纯度降低；另外，有些农民在播种前没有对种子进行认真清选，致使向日葵列当与向日葵种子混杂播种，造成向日葵列当的蔓延。例如，2005年以来，伊犁地区向日葵生产用种以国内制种和进口外调为主，主要来源于美国、瑞士、德国、法国等国家及甘肃省等省份，调查证实，向日葵列当由向日葵种子携带传入伊犁地区，是当地向日葵列当发生的主要原因。区域间向日葵列当传播主要是以向日葵列当种子附着和混杂在向日葵种子中，随着向日葵种子进行远距离传播。

（6）向日葵列当发生期参差不齐，危害期长。条件适宜时，向日葵列当从7月初至9月均可发芽、出土、现蕾、开花、结实（自下而上的顺序成熟）。每株列当从发芽至种子成熟整个过程仅需28～30 d。

（7）向日葵列当初期危害隐蔽。向日葵列当种子的地下萌发阶段不易被发现，而当在地面上观察到向日葵列当时，已对寄主造成了危害，早期防控比较困难。

（8）向日葵列当顶土能力强大。向日葵列当具有肉质茎（较粗壮），可顶膜而出，生产上常用的地膜对其不起作用。

（9）轮作倒茬不合理。很多地区在向日葵种植过程中，有较为严重的重茬现象。连年在同一地块种植向日葵，不仅造成土壤养分比例失调，而且会导致病虫害发生严重，并为向日葵列当的发生创造了有利条件。由于农民不具备足够的防治向日葵列当的专业知识，在其发生时不能有效地进行防治，导致重茬、迎茬向日葵田向日葵列当严重发生。尽管有些地区进行轮茬种植，但因轮茬周期不足、轮茬作物不科学，也导致向日葵列当连年大规模发生。

（10）防治意识淡薄，田间管理粗放。长期以来，广大农民群众将向日葵列当称为"和尚头""大芸"。向日葵在新疆种植面积大，受粗放耕作、广种薄收不良习惯影响，加之农民对向日葵列当的发生、危害、防治知识掌握甚少，认识不足，造成防治困难。例如，有些农民将向日葵列当拔掉扔出地块，但未予以深埋和焚烧处理，致使向日葵列当种子随处传播，一旦条件适宜便形成危害，甚至有些农民认为田间有向日葵列当对向日葵生长及产量也无多大影响，因此基本不采取防治措施，忽视了向日葵列当对向日葵产生的严重危害。

第三节　瓜列当

新疆是瓜列当（$O.\ aegyptiaca$）分布最广和危害最为严重的省级行政区，瓜列当在全疆都有分布，包括昌吉回族自治州、哈密市、吐鲁番市、伊犁哈萨克自治州、巴音郭楞蒙古自治州、喀什地区、和田地区、塔城地区、阿勒泰地区、石河子市等多个地州市，每年造成甜瓜 1 500～2 000 hm² 绝收，3 500～5 500 hm² 严重减产；加工番茄受害面积约为 7 000 hm²，被寄生后加工番茄减产 30%～80%，受害严重的地块，植株寄生率高达 100%，加工番茄产量仅为 1 t 左右，严重者甚至绝收（张学坤等，2012；张录霞等，2016）。

一、瓜列当的危害性

瓜列当寄主范围广泛，可寄生在甜瓜、西瓜、籽瓜、加工番茄、辣椒、豆角、葫芦瓜、南瓜、马铃薯和苍耳等寄主上，当寄主被寄生后，植株生长缓慢，并出现矮化、黄化、萎蔫或枯死现象，造成农作物产量和品质下降。

二、瓜列当对农业生产的潜在影响

瓜列当生育期短，每株可产生 5 万～10 万粒种子，多者可产生 300 万粒以上的种子，且种子可在 5～10 cm 深的土层中存活 5～10 年，其种子极小，千粒质量仅为 15～25 mg，极易随外界介体传播。瓜列当具有强大的繁殖能力，并具有不易被检测的特点，使其在新疆发生面积逐年增加，已在新疆的甜瓜、加工番茄、西瓜、籽瓜等特色经济作物上造成了严重的经济损失。因缺少有效的防治技术，瓜列当高发区的农民不敢继续种植特色经济作物，对当地农业经济发展造成严重影响。

三、瓜列当对甜瓜的危害

甜瓜（*Cucumis melo* L.）是世界十大水果之一，其营养丰富、果实甜美、气味芳香，备受人们喜爱。新疆是我国甜瓜次生起源地，也是我国甜瓜主产区之一。然而，新疆甜瓜主产区都有不同程度的瓜列当危害。目前，瓜列当在新疆哈密市、吐鲁番市、和田地区以及喀什地区发生较为普遍，对新疆甜瓜的种植和生产造成很大影响（见图 2-4）。

图 2-4　新疆甜瓜田间瓜列当的危害（张红等，2021；赵思峰、曹小蕾摄）

（1）对甜瓜生长期的影响。瓜列当寄生于甜瓜的根部会直接吸取甜瓜的营养成分，造成甜瓜因营养和水分缺乏而不能正常生长发育，导致甜瓜植株叶片发黄、瘦小、茎细弱、发育迟缓，生长期较正常缩短 15～20 d，提前出现衰老症状（朱晓华等，2011）。

（2）对甜瓜产量的影响。瓜列当的生长期为6—8月，此时正值甜瓜的坐果期和果实膨大期。在此期间甜瓜对水分和养分的需求量最大。由于瓜列当的寄生，甜瓜植株直接表现出营养不良症状，雌花授粉7d后开始发黄，然后变黑、脱离，最终引起坐果率明显降低。同时，受瓜列当的影响，果实不能膨大，时间一到就定型成熟，直接影响了单果的质量。单株坐果率的降低、单果质量的下降，最终直接导致甜瓜大幅度减产，瓜列当危害区域平均单产仅为正常产量的40%左右，甚至有很多地块因瓜列当大量寄生而造成甜瓜绝产，给广大瓜农造成了巨大损失。据统计，每年瓜列当会对新疆的西瓜、甜瓜造成20%~70%的产量损失。

（3）对甜瓜品质的影响。优质甜瓜成熟后，表现为甜、脆、水分多、肉质细腻、适口性好。而被瓜列当寄生的甜瓜果实肉硬、水分少、含糖量降低、适口性极差，从剖面看，肉质内含有大量的黄色筋丝和硬块，严重影响了甜瓜的品质。

在甜瓜种植过程中，生长前期发育良好，长势喜人，但是，到了6—8月瓜列当开始出土繁殖时，甜瓜植株被寄生而不能正常生长发育，直接造成瓜株萎缩和枯死，致使甜瓜减产或绝产。从甜瓜播种到首次观察到瓜列当出土，大约需要50 d。瓜列当种子萌发、与寄主甜瓜根系建立寄生关系，均发生在地下，瓜列当从萌发到露出地面需10~14 d。此后一直到甜瓜成熟，均有瓜列当寄生危害，寄生越早危害越重（张红等，2021）。在甜瓜开花之前被瓜列当寄生，则甜瓜不能正常开花坐果，植株停止生长甚至死亡；开花期被瓜列当寄生，虽然甜瓜能开花坐果，但植株早衰、果实小、商品性差（朱晓华等，2011）；结果期被瓜列当寄生，当季对甜瓜的产量及商品性影响不大，但会使田间瓜列当种子大量积累。据计算，每株瓜列当可结几万粒到十几万粒种子，使得受污染耕地土壤中"种子库"数量日渐庞大，这些瓜列当种子成熟后散落到土壤中越冬，并成为来年主要的侵染源（亚库甫·艾买提等，2009）。

四、瓜列当对加工番茄的危害

新疆地处欧亚大陆腹地，光热资源丰富，非常适宜加工番茄生长，已连续多年加工番茄单位产量位居我国之首，所产加工番茄的番茄红素、维生素含量高，霉菌、病害少（陈连芳等，2017），国际上公认品质优于美国、意大利等主产国，是世界三大番茄生产中心之一。加工番茄现已成为新疆地区种植业中主要的经济作物，是北疆各地以及南疆焉耆盆地农民增收的重要支柱。

然而，近年来加工番茄种子大量无序地从国外和区外调入，植物检疫工作滞后，导致瓜列当在新疆大范围扩展蔓延，危害程度日益加重（见图2-5）。昌吉回族自治州种植加工番茄已有几十年历史，加工番茄已成为昌吉回族自治州重要经济作物之一，每年种植面积稳定在15万~30万亩。2014年前，列当属在昌吉回族自治州的危害主要发生在东部地区的油葵和籽瓜两种寄主作物上，近些年来，瓜列当在阜康市少量地块加工番茄上寄生，后经传播蔓延，逐渐向西发展，2014年在昌吉市、阜康市、吉木萨尔县、玛纳斯县都有发生，尤其是在昌吉市军户农场制种基地，连块种植的加工番茄田内瓜列当危害发展迅猛，防治困难（张亚兰等，2014）。

图2-5 新疆加工番茄田间瓜列当的危害（白金瑞，2020；张璐摄）

一直以来，新疆巴音郭楞蒙古自治州焉耆回族自治县是我国著名的番茄种植区域之一。当地拥有优越的自然地理条件，土壤肥沃，水源充足，自然光照充足，得天独厚的自然环境让焉耆回族自治县成为加工番茄高产地，也成为当地各族农民生产致富的主要收入来源。然而，由于连年种植加工番茄，加上缺少相关的科学管理经验与农业技能，这里逐步成为瓜列当的重灾区。由于瓜列当具有发病面积大、危害力强等特征，目前尚无有效的控制办法，当地的番茄种植业遭遇到了前所未有的"灭顶之灾"，不仅极大地影响了产量的提升，也给当地农民造成不小的收入损失。据统计，瓜列当在新疆肆虐危害面积已达 7 000 hm²，约占加工番茄总种植面积的 10%，其中焉耆盆地的加工番茄瓜列当危害最为严重，每年以 10%~20% 的速度迅速蔓延，出现瓜列当的地块产量下降 30%~80%，严重地块寄生率达 100%，导致几百公顷加工番茄绝收，已严重影响到加工番茄种植农民的生产积极性和经济效益，甚至有些农民已经放弃种植加工番茄，改种其他经济作物（王恺等，2019）。由于种植面积大、种植区域相对较集中，近年来新发生的瓜列当危害程度逐年加重，使加工番茄的产量与质量受到很大威胁。

新疆种植的加工番茄大多数为 3 月初大棚育苗、4 月中旬大田移栽模式。6 月上旬、中旬即可看到列当陆续出土，7 月上旬、中旬达到高峰期，至 7 月下旬，出土的列当占到全期 85% 以上，列当的出土盛期多在加工番茄大量坐果时，后期陆续出土的列当也可一直延续到 9 月中旬以后，持续出土时间长。瓜列当发芽出土时间参差不齐，从 6 月初至加工番茄收获，每天均有瓜列当出土、开花、结实。一株瓜列当，从出土至开花 12~14 d，开花至结籽 5~8 d，结籽至成熟 12~14 d，整个生育期近 1 个月。瓜列当寄生越早，数量越多，对加工番茄的影响越大，减产越严重。寄生的瓜列当主要集中在加工番茄的根部周围，约占总数的 70%。加工番茄苗期被瓜列当寄生后，植株不能正常生长，使得植株矮小，甚至干枯死亡。加工番茄后期被瓜列当寄生后，果实的干鲜重、中果皮厚度、硬度、可溶性固形物、还原糖和抗坏血酸含量等显著降低，导致加工番茄市场价值受损。加工番茄被瓜列当寄生后，影响严重的产量仅为 30~45 t·hm^{-2}，而未被寄生的产量为 120~150 t·hm^{-2}，减产幅度达 60%，且加工番茄品质也严重下降。一般情况下，单株加工番茄寄生 5 株瓜列当就明显减产，寄生 10~20 株减产 30% 左右，寄生 30 株以上则减产超过 80%（柴阿丽等，2013）。

五、瓜列当对甜叶菊的危害

甜叶菊（*Stevia rebaudiana*）是菊科甜叶菊属（*Stevia*）多年生草本植物，原产于南美巴拉圭和巴西交界的高山草地，是一种具有较高经济价值的作物，如今广泛种植，主要应用于食品、医药等行业（马琴玉等，1992）。新疆适宜甜叶菊的种植,然而在 2016 年被发现有瓜列当寄生,因缺乏抗性品种及有效的防治技术,致使其危害面积存在蔓延趋势,严重影响菊农的经济收益(郭书巧等,2019)。随着甜叶菊种植面积的不断增加,以及瓜列当发生危害程度日趋加重,如不引起高度重视,必将给甜叶菊生产带来重大损失,甚至造成毁苗绝收(见图 2-6)。

图 2-6 新疆甜叶菊田间瓜列当的危害(赵思峰摄)

在甜叶菊大田生产中,甜叶菊移栽后 50 d 左右,散落在甜叶菊周围的瓜列当种子受其根部分泌物的刺激便开始萌发,形成粗壮的芽管(假根系),芽管接触到甜叶菊根系后会膨大成弯曲多头状吸盘固定于甜叶菊的根系上,营全寄生生活。田间发生高峰期一般在 6 月下旬—8 月上旬,瓜列当最早出现的时间是 6 月底,此时有零星的瓜列当开始开花,但大多数瓜列当刚顶出土表,说明此期为瓜列当出土始期,较加工番茄地块中的瓜列当晚 20 d 左右。7 月上旬瓜列当陆续萌发出土,出土时间不一,7 月中下旬为大量出土期,也是发生危害高峰期,较加工番茄地块中的瓜列当晚 20 d 左右。同时,只要田间条件适宜,瓜列当可陆续出土,一直延续至 8 月底,持续发生的时间长。进入 8 月中下旬,随着气温的下降,瓜列当很少萌发。通过对甜叶菊受害株地下根部解剖可见,瓜列当根以吸盘紧紧包裹在甜叶菊的须根上,其次生吸器直接与甜叶菊根部的维管束相连,从而吸取养分和水分供自身的生长发育需要。甜叶菊地上部分表现为叶片发黄、瘦小、茎秆细弱,植株生长缓慢、矮化,严重的萎缩或枯死。甜叶菊受害后,植株因缺乏水分和养分不能正常生长，整个植株长势差，呈衰老状，造成严重减产。当田间瓜列当密度较高时，单个甜叶菊植株能受到多个瓜列当同时寄生，它们与甜叶菊抢肥、抢水、争空间，使损失更加严重，甚至有绝收的危险（刘波等，2021）。

甜叶菊地块中瓜列当发生较轻的地段，每亩寄生瓜列当 1~2 株；瓜列当发生较严重的地段，每亩瓜列当寄生数为 30~50 株。其中单株甜叶菊寄生 1 株瓜列当为多，少见 2 株以上，偶见有单株甜叶菊寄生 4 株瓜列当，而单株加工番茄寄生 5~30 株瓜列当，并且瓜列当单株生长势明显较加工番茄地块瓜列当弱。总体来看，以往种植加工番茄时瓜列当发生严重的地段，因瓜列当种子残存基数大，甜叶菊地块中瓜列当发生也较重；加工番茄地块中瓜列当发生较轻的地段，相应的甜叶菊地块中瓜列当发生较轻。

第三章
列当生物学特性和生活史

瓜列当和向日葵列当均具有繁殖快、种子库庞大、休眠时间久、早期在根部寄生为害不易发现等生物学特点，使得其很难根治。

萌发的列当种子，在寄主分泌的吸器诱导因子的作用下形成一个多细胞器官——吸器（Yoshida et al., 2016）。吸器的发育过程包括吸器形成、侵入寄主、形成木质部桥与寄主维管束连接。一旦列当吸器接触到寄主根表皮后，便会形成一种新的细胞类型——侵入细胞（Intrusive Cell），侵入细胞主要是由早期吸器顶端表皮细胞分化而来，主要功能为穿透寄主表皮组织（Wakatake et al., 2018）。寄生植物吸器细胞进入寄主皮层后，侵入细胞在机械压力及细胞壁修饰酶的作用下向寄主维管束生长（Yoshida et al., 2019）。已报道的关于寄生植物侵入寄主的细胞壁修饰酶包括果胶酸裂解酶（Johnsen et al., 2015）、果胶甲基酯酶（PME）、多聚半乳糖醛酸酶、碳水化合物活性酶（CAZyme）（Mutuku et al., 2019）。当寄生植物的侵入细胞到达寄主维管束后，一些侵入细胞分化为管状分子（Tracheary Elements），与此同时在寄生植物维管束附近的一些细胞也分化为管状分子，这些管状分子在吸器中连接形成木质部桥，从而与寄主维管束连接。在寄生植物与寄主木质部桥形成前，在吸器中部会形成类似于原形成层细胞，有研究表明 *HB 15*（*HB 15 a* 和 *HB 15 b*）和 *WOX 4* 基因可作为原形成层细胞的标记基因，并且研究发现，这些原形成层细胞可以维持管状分子分生组织活性，从而导致木质部桥的形成，同时增殖细胞扩张导致列当吸器体积变大以及次生根和幼茎的生长。有研究表明木质部桥的形成是由生长素（IAA）转运蛋白（PINs，LAXs）和生长素合成基因（*PjYUC 3*）所介导的（Wakatake et al., 2020）。一旦木质部桥形成，寄生植物就可从寄主获得水分和营养物质。营养物质从寄主流向寄生植物，这表明吸器作为一个库器官，寄主作为营养物质的源，然而吸器如何形成库的张力，其机制仍不清楚。有研究表明列当科寄生植物可在吸器内积累大量的甘露醇，通过该糖醇形成渗透梯度，从而使营养物质从寄主流向寄生植物（Aly et al.，2009）。尽管大量研究已经对寄生植物吸器发育机制进行解析，但是关于列当在特定发育阶段，参与吸器发育的分子机制的研究较少。

因此，对列当生物学特性和生活史的深入研究，不仅有助于理解其寄生特性和寄生机制，同时也为制订列当的防治策略提供重要参考。通过对列当种子传播途径、适应性、种群变异等方面的研究，可以为农业生产提供更有效的列当防治和管理方法，并且为生物多样性保护和生态系统稳定性提供科学依据。

第一节 列当的寄主范围及不同发育阶段的危害症状

一、瓜列当寄主范围

瓜列当可寄生于番茄、烟草、甜瓜、西瓜、胡萝卜、甜叶菊等约17科50多种寄主（张翰文，1965；Musselman et al.，1982），具体有如下寄主范围。

（1）茄科（Solanaceae）：番茄（*Lycopersicon esculentum* Mill.）、茄子（*Solanum melongena* L.）、马铃薯（*Solanum tuberosum* L.）、烟草（*Nicotiana tabacum* L.）、辣椒（*Capsicum annuum* L.）等。

（2）葫芦科（Cucurbitaceae）：西瓜（*Citrullus lanatus*）、冬瓜（*Benincasa hispida*）、丝瓜（*Luffa cylindrica*）、甜瓜（*Cucumis melo* L.）南瓜（*Cucurbita moschata*）、葫芦瓜（*Lagenaria*）、黄瓜（*Cucumis sativus* L.）等（见图 3-1）。

图 3-1 瓜列当田间寄生情况（赵思峰、曹小蕾摄）

注：（A）瓜列当对籽瓜的田间寄生；（B）瓜列当对甜瓜的田间寄生；（C）瓜列当对苍耳的寄生。

（3）伞形科（Umbelliferae）：胡萝卜（*Daucus carota* L.）、芹菜（*Apium graveolens*）等（见图 3-2）。

（4）菊科（Compositae）：苍耳（*Xanthium sibiricum* Patrin ex Widder）、甜叶菊（*Stevia rebaudiana*）、向日葵（*Helianthus annuus* L.）等（见图 3-2）。

图 3-2 瓜列当在温室盆栽条件下对不同寄主的寄生情况（陈美秀摄）
注：(A)"大板"籽瓜；(B)"早青一号"西葫芦；(C)"绿宝红蜜"南瓜；(D)"亚新八号"加工番茄；(E) 向日葵品种 8189；(F)"七寸参"胡萝卜；(G)"圆紫茄"；(H) 野生苍耳。标尺：5 cm。

（5）豆科（Leguminosae）：蚕豆（*Vicia faba* L.）、落花生（*Arachis hypogaea* Linn.）、扁豆（*Lablab purpureus*（Linn.）Sweet）、豇豆（*Vigna unguiculata*（Linn.）Walp.）等。

（6）十字花科（Cruciferae）：白菜（*Brassica pekinensis*（Lour.）Rupr.）、甘蓝（*Brassica oleracea* L.）、芜菁（*Brassica rapa* L.）（Aly et al.，2019）等。

（7）桑科（Moraceae）：大麻（*Cannabis sativa* L.）等。

（8）锦葵科（Malvaceae）：青麻（*Abutilon theophrasti*）、大麻槿（*Hibiscus cannabinus* L）（Lati et al.，2013）等。

（9）胡麻科（Pedaliaceae）：芝麻（*Sesamum indicum* L.）等。

（10）唇形科（Labiatae）：彩叶草（*C. scutellarioides*）（Cao et al.，2023）等（见图 3-3）。

图3-3 瓜列当在温室盆栽条件下对彩叶草的寄生情况（曹小蕾、姚兆群摄）

注：（A）~（D）分别为瓜列当出土后7 d，19 d，69 d和82 d寄主彩叶草和瓜列当的生长状态。标尺：10 cm。

（11）藜科（Chenopodiaceae）：甜菜（*Beta vulgaris* L.）等。

（12）景天科（Crassulaceae）：长寿花（*Kalanchoe blossfeldiana*）（Yousefi et al.，2014）等。

（13）石榴科（Punicaceae）：石榴（*Punica granatu* L.）（Dor et al.，2009）等。

二、向日葵列当寄主范围

大量研究表明，向日葵列当的寄主范围相对较窄，可寄生于向日葵、红花、大蓟、花花柴、番茄、茄子、烟草等约4科13种寄主，具体有如下寄主范围。

（1）茄科（Solanaceae）：番茄（*Lycopersicon esculentum* Mill.）（见图3-4，图3-5）（Dor et al.，2019）、茄子（*Solanum melongena* L.）、烟草（*Nicotiana tabacum* L.）、辣椒（*Capsicum annuum* L.）。

（2）菊科（Compositae）：向日葵（*Helianthus annuus* L.）（见图3-6）、红花（*Carthamus tinctorius* L.）（见图3-4）、大蓟（*Cirsium arvense*）（见图3-7）（Cao et al.，2022）、花花柴（*Karelinia caspia* (Pall.) Less.）（Ma et al.，2023）、黄花蒿（*Artemisia maritima*）（见图3-8）、牡蒿（*Artemisia japonica*）（见图3-9）。

图 3-4　不同地区向日葵列当对不同寄主的寄生情况（胡玲军摄，2021）

注：(A~D) 向日葵与 4 个地区的向日葵列当共培养情况，从左到右依次是 Ⅰ，Ⅱ，Ⅲ 和 Ⅳ；(E,F) 烟草和番茄与 4 个地区的向日葵列当共培养情况，顺序同上，中间是对照；(G~J) 红花与 4 个地区的向日葵列当共培养情况，顺序同上；(K, L) 南瓜与 Ⅲ 和 Ⅳ 地区的向日葵列当共培养情况；(M, N) 葫芦瓜和西瓜分别与 Ⅱ 和 Ⅰ 地区的向日葵列当共培养情况；(O~R) 胡萝卜与 4 个地区向日葵列当共培养情况，顺序同上；(S~U) 芹菜与 Ⅰ，Ⅱ 和 Ⅳ 地区向日葵列当共培养情况。

图 3-5 向日葵列当对加工番茄田的危害（何伟摄）

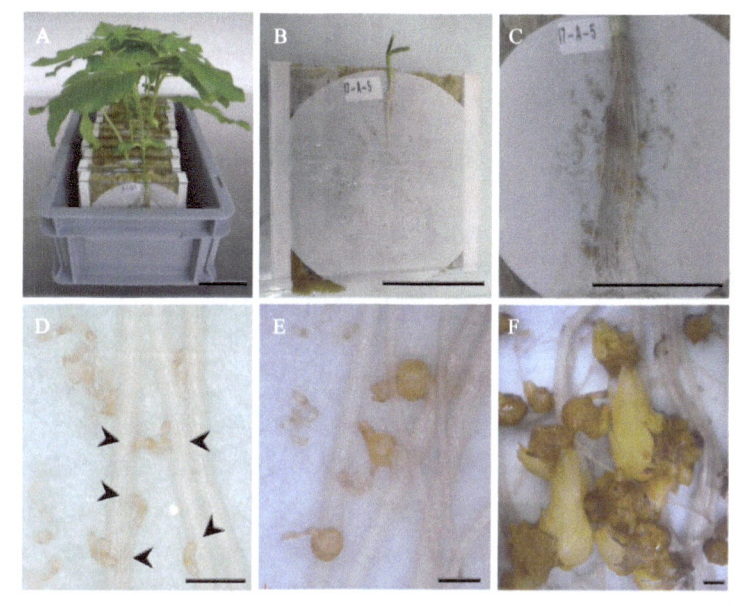

图 3-6 根室条件下向日葵列当在向日葵（2603）根部生长发育状态（Le et al., 2021）

注：（A）根室培养装置，一个盒子含有 10 棵重复的向日葵；（B）在根室条件下生长 1 d 的向日葵；（C）21 d 时向日葵根部向日葵列当的寄生状态；（D）向日葵生长 8 d 后向日葵列当芽管形成并吸附在向日葵根部；（E）向日葵生长 15 d 后，向日葵列当结节形成；（F）向日葵生长 21 d，向日葵列当幼茎形成。

（3）伞形科（Umbelliferae）：胡萝卜（*Daucus carota* L.）、芹菜（*Apium graveolens*）。

（4）唇形科（Labiatae）：彩叶草（*C. scutellarioides*）（Cao et al., 2023）

图 3-7　向日葵列当在温室和盆栽条件下对大蓟的寄生情况（Cao et al.，2022）

注：（A）开花的大蓟；（B）玻璃温室下向日葵列当寄生大蓟；（C）盆栽条件下向日葵列当寄生大蓟；（D）向日葵列当寄生大蓟根部；（E）向日葵列当寄生大蓟部位；（F）向日葵列当寄生大蓟根部的放大图。

图 3-8　保加利亚布尔加斯发现的 CUMBUL-1 种群的向日葵列当寄生黄花蒿（*Artemisia maritima*）

图 3-9　向日葵列当寄生牡蒿（*Artemisia japonica*）（Ashutosh Sharma 摄）

第二节　列当的生活史

列当的生活史分为地下发育阶段和地上发育阶段（见图 1-4）。

地下发育阶段：经过后熟的列当种子需要在适宜的温度、湿度条件下进行预培养；随后，列当种子（见图 1-4（B））在寄主根系分泌的萌发刺激物的作用下萌发并长出芽管（见图 1-4（C））；当芽管伸长至寄主根表皮层后，在吸器诱导因子的作用下形成吸器（见图 1-4（D））；吸器与寄主根接触后，吸器顶端表皮细胞分化形成侵入细胞，在物理压力和细胞壁降解酶的作用下，侵入细胞通过入侵寄主表皮和皮层组织到达寄主维管束，与寄主根的木质部和韧皮部连接。列当在侵入寄主并且与寄主木质部连接后，开始异养生长，并且以牺牲寄主的养分为代价。列当作为一个强大的"库"，可以源源不断地从寄主夺取自身发育所需的水分及营养物质，从而对寄主的生长造成严重影响。在列当与寄主维管束连接后不久，留在寄主根外的列当部分则会发育为一个称为结节的具有储藏功能的器官（见图1-4（F））。随着结节的发育，在结节周围便会形成大量的次生根，而这些次生根具有形成侧生吸器和连接功能（见图1-4（G）），在形成次生根不久后，列当地下幼茎会从结节中长出（见图1-4（H）），列当的以上发育过程均在地下完成。在新疆北疆及南疆温度较高的地区，列当一般在6月中旬开始萌发，从萌发到与寄主维管束连接需要11~14 d（实验室条件下）。6月底陆续有列当零星出土，7月1—30日，呈大爆发式出土，自幼茎出土至开花需要7~14 d。

地上发育阶段：幼茎露出土壤表面后，将会加速列当生殖器官的发育，列当开花至结籽仅需要5~7 d，结籽至种子成熟需要13~15 d，全生育期需要35~40 d（黄建中等，1994）。成熟后的列当可产生直径仅为20~30 μm的种子，平均每株列当可产生约10万粒种子，成熟的种子落入土壤中形成巨大的列当种子库。列当种子在没有合适的温度、湿度及寄主的条件下，便进入休眠期。瓜列当（大麻列当）种子在土壤中的休眠期可达12年之久；锯齿列当种子在土壤中可以存活10年以上；向日葵列当种子也可存活5~6年，在潮湿的条件下，可以存活长达20年之久。向日葵列当整个生育期很短，仅需25~30 d，条件合适时从7月初—9月均可发芽、出土、现蕾、开花和结实。

第三节 列当的发育过程及侵染机制

一、种子萌发

在列当科专性根寄生植物（*Striga*, *Orobanche*, *Phelipanche*）中，种子萌发是其整个生活史中最为关键的时间节点。由于专性寄生性杂草生长发育所需的营养物质完全依赖于寄主，这些寄生植物的生长发育必须与寄主同步。为了能够与寄主同步生长发育，专性寄生性杂草进化出能够感知寄主根部分泌特定化学物质的能力，使得种子打破休眠状态并诱导种子萌发（Nelson，2021）。列当种子萌发的过程包括：在一定温度、湿度条件下吸水膨胀，感知寄主分泌的萌发刺激物，种子萌发。

列当种子在成熟时胚发育不完全，需要经过一段时间的后熟或休眠期，这一过程通常会持续数月甚至数年。经过后熟的列当种子仍然需要在适宜的温度、湿度条件下进行预培养 7 d，以接收外部萌发刺激物的信号，并在其诱导下完成萌发（Joel，2013）。如温度和湿度等外部环境条件不适宜，或者周围环境中缺乏种子萌发刺激物质，则可能会导致列当种子再次进入休眠状态。

休眠的列当种子可以在土壤中存活数年，直到在合适的温度、湿度以及化学和物理因素情况下才能被诱导萌发（López - Granados et al.，1999）。列当坚硬的种皮可能是造成列当种子休眠的机制之一。列当种子呈现出季节性气候变化所引起的非深层的年周期性生理休眠。在非寄生植物中，生理休眠可以逐层解除，但是在列当中，解除休眠需要两个连续的阶段：第一个阶段依赖于环境的温度层积，即预培养阶段；第二个阶段依赖于对寄主分泌的萌发刺激物的感应。预培养阶段可以提高列当种子在识别寄主过程中受体的灵敏性。

二、影响列当种子萌发的外界条件

（一）温度

温度是影响列当种子萌发的一个重要因素，它能够影响种子萌发率和萌发速率，从而影响到种子劣变的过程、休眠的丧失以及萌发的过程（Roberts，1988）。恒温条件更加有利于瓜列当（*O. aegyptiaca*）、弯管列当（*O. cernua*）、锯齿列当（*O. crenata*）和小列当（*O. minor*）的萌发（Kebreab et al.，1999）。有研究表明，经过预培养 14 d 的列当种子，其最适宜的萌发温度为 15～21 ℃，其中弯管列当适宜的温度为 15 ℃，锯齿列当适宜的温度为 18 ℃，而小列当和埃及列当适宜的萌发温度范围分别为 17～20 ℃ 和 18～21 ℃。当温度高于 26 ℃ 时，埃及列当种子萌发率会下降；当温度高于 32 ℃ 时，种子萌发率降为 0%（Kebreab et al.，2000）。

预培养温度也会影响列当种子的萌发，在 10～30 ℃ 条件下进行预培养，随着温度的提高，瓜列当（*O. aegyptiaca*）和弯管列当（*O. cernua*）种子打破一次休眠的速率增加。在 10～25 ℃ 条件下进行预培养，锯齿列当种子随着温度的提高打破一次休眠的速率也会加快，而 30 ℃ 条件下锯齿列当种子几乎不萌发。在

35 ℃条件下进行预培养时，以上三种列当种子均不萌发（Kebreab et al.，1999）。瓜列当、大麻列当（*O. ramose*）、小列当的预培养最佳温度为 18 ℃，此条件下的萌发率最高（Song et al.，2005）。

（二）预培养时间

预培养所需要的温度和时间与列当的种类密切相关，在实验室条件下，列当预培养时间为 4～12 d，温度为 19～23 ℃。列当种子萌发率随着预培养时间的延长而降低，并且降低的程度受温度调控，在 10 ℃和 15 ℃条件下，种子萌发率下降的幅度大于在 20 ℃条件下的预培养（Hezewijk et al.，1993）。在 10 ℃、15 ℃、20 ℃、25 ℃、30 ℃条件下分别进行预培养 0～8 d，瓜列当、锯齿列当、弯管列当种子萌发率随预培养时间的延长而提高，但预培养阶段的温度越低，萌发率越低。瓜列当经 7～14 d、弯管列当经 7～21 d、锯齿列当经 14～21 d 预培养后，将不受温度影响，种子萌发率均开始下降（Kebreab et al.，1999）。预培养时间对小列当种子的萌发影响较小，在 13 ℃和 18 ℃条件下预培养 28 d 后，种子萌发率开始下降，而在 23 ℃条件下，预培养 84 d 后小列当种子仍有较高的萌发率。

（三）寄主分泌的萌发刺激物

列当科寄生植物在其寄主范围方面显示出高度的多样性，不同的列当对寄主的专化性通常与营养资源的可预测性直接相关，列当以特定的方式识别寄主根的分泌物而介导寄主专化性。对于每个寄主－列当的组合，是由寄主根系分泌的化学物质对列当萌发的刺激能力和列当感知特定形式的萌发诱导因子受体的敏感性所共同决定的。能够刺激这些专性寄生性杂草种子萌发的最常见刺激物为独脚金内酯（Strigolactones，SLs），存在于谷物、豆类、烟草等多种植物根系分泌物中（Yoneyama，2019；Aliche et al.，2020）。

独脚金内酯属于类胡萝卜素衍生物，在植物生长发育中具有多种功能。目前已经鉴定出的天然独脚金内酯类物质有近 36 种（陈虞超等，2015），其化学结构如图 3-10 所示。独脚金醇（Strigol）和乙酸独脚金醇（Strigyl Acetate）最先在棉花根系分泌物中被分离和鉴定，随后在豇豆、高粱、红色三叶草、百脉根、烟草、玉米、豌豆、亚麻、黄瓜、鱼腥草等作物中鉴定出黑蒴醇（Alectrol）、高粱内酯（Sorgol Actone）、列当醇（Orobanchol）、5-脱氧独脚金醇（5-Deoxystrigol）、2-

差向异构体（2-Epiorobanchol）和茄酰醇（Solanacol）、高粱醇（Sorgomol）（Xie et al.，2008）、豆酰基乙酸酯（Fabacyl Acetate）、7-氧代列当醇（7-Oxoorobanchol）、7-羟基列当醇（7-Hydroxyorobanchol）、乙酸 7-氧代列当酯（7-Oxoorobanchyl Acetate）、乙酸 7-羟基列当酯（7-Hydroxyorobanchyl Acetate）、独脚金酮（Strigone）。以上化学结构相似且能够刺激独脚金种子萌发的物质统称为独脚金内酯。通过人工合成的具有相似功能的独脚金内酯类似物，包括 GR24、GR6 和 GR7 等，其中，GR24 因其活性最高而使用最为广泛（Akiyama et al.，2006）。已有研究表明，独脚金内酯具有抑制植物分枝（Gomez-Roldan et al.，2008）、诱导丛枝菌根真菌分枝（Akiyama et al.，2005）、影响根际微生物（Carvalhais et al.，2019）及刺激寄生性植物种子萌发的功能。

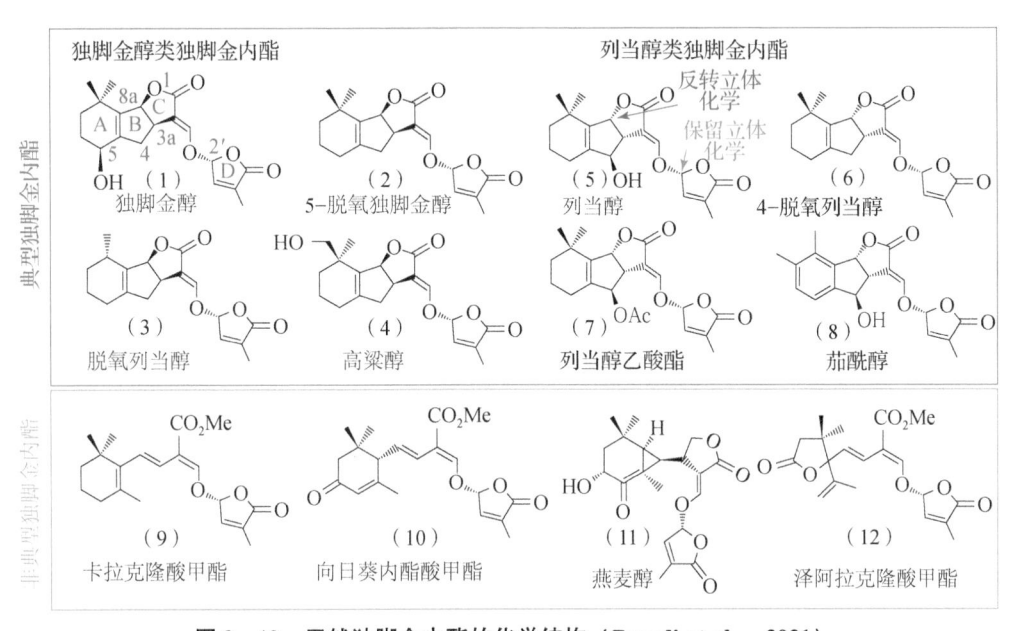

图 3-10　天然独脚金内酯的化学结构（Prandi et al.，2021）

注：（1）~（8）为天然独脚金内酯中具有 ABC 环结构的典型；其中 5-脱氧独脚金醇和 4-脱氧列当醇展示了 BC 环连接处的取向差异，根据这种差异可将天然独脚金内酯分为两类，即独脚金醇类（Strigol-Type）和列当醇类（Orobanchol-Type）；（9）~（12）为非典型独脚金内酯。

（四）植物激素

植物激素在列当种子萌发过程中起着重要作用。在列当种子预培养阶段加入外源赤霉素（GA）或者其他生长促进物质，可以缩短预培养的时间，并能促进萌发。大麻列当种子在 GA，IAA 和激动素（Kinetin）作用下，可不经过预培养阶段直接萌发。在预培养阶段加入油菜素内酯（Brassinolide）可缩短瓜列当、大麻列当和小列当种子的预培养时间，并能提高萌发率（Takeuchi et al.，1995）；加入适宜浓度的氟啶酮（Fluridone，FL）和哒草伏（Norflurazon）可提高小列当种子对萌发激物的反应能力，并缩短种子所需预培养时间，最终提高种子萌发率；而加入多效唑（Paclobutrazol）或烯效唑（Uniconazole）等 GA 生物合成抑制剂，则会降低瓜列当、大麻列当和小列当种子的萌发率（Hsiao et al.，1988）。

（五）其他因素

短时间的光照可提高瓜列当种子的萌发率，但连续的光照对列当种子的发芽起到抑制作用，活力弱的瓜列当种子对光抑制更为敏感，因此，列当种子发芽一般在黑暗条件下进行。在列当种子预培养阶段，加入种子萌发刺激物可抑制种子的萌发，但这种抑制可通过加入 GA、油菜素内酯等生长促进物质消除，哒草伏和氟啶酮也有相同的作用。此外，独脚金内酯生物合成抑制剂 TIS108 单独使用，氟啶酮与 GA 混合使用，均能够刺激瓜列当种子的萌发（Bao et al.，2017）。没食子酸、交替氧化酶（AOX）抑制剂和过氧化氢（H_2O_2）在预培养阶段处理列当种子，均会降低种子发芽率。车前糖（Planteose）是小列当种子萌发初期必不可少的碳水化合物，而野尻霉素亚硫酸氢钠（Nojirimycin Bisulfite）作为一种糖类代谢的抑制剂，能够抑制小列当种子萌发（Wakabayashi et al.，2015）。

三、芽管的伸长

列当种子萌发后，形成一个透明、没有向重力性的芽管（胚根），并向寄主根的方向生长，此阶段的能量和水分供应主要来源于列当种子外胚乳及胚乳的水分吸收与储备营养物质的再利用（Joel et al.，2012）。列当不形成根冠，也不发育气孔或传导组织。萌发的列当种子可以从土壤和种子内皮层吸收水分，即使在干燥的土壤中，种子内皮层也会促进芽管的发育。列当种子的芽管生长至 1～7 mm 时，在没有与寄主成功吸附的情况下，可存活 7～20 d，其存活的时间与所处的环境关系较大（见图 3-11）。芽管的长度决定了列当能否成功寄生。当列当芽管接触到寄主的根系后，芽管停止生长，顶端分化形成具有吸附能力的吸器（见图 3-12（D）、图 3-13（D））。在此过程中，芽管分生组织由纵向生长转

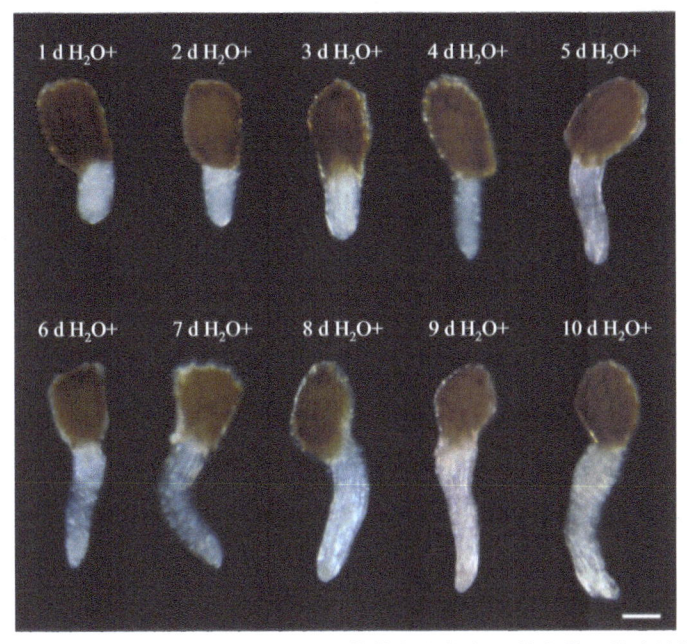

图 3-11　瓜列当萌发后不同时间段芽管发育状态（曹小蕾、曾晓健摄）

注：标尺：200 μm。

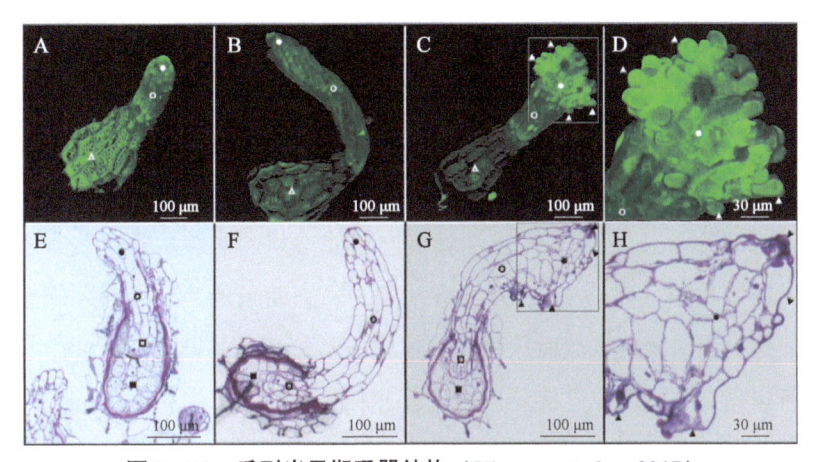

图 3-12　瓜列当早期吸器结构（Vincent et al.，2017）

注：(A～D) 共聚焦激光扫描显微镜观察萌发及早期吸器形成（吖啶橙染色）；(E～H) 光学显微镜下观察萌发及早期吸器形成（甲苯胺蓝染色）；空心正方形为列当种子的胚，实心方框为列当种子的胚乳，空心圆为列当的芽管，实心圆为列当生长点，空心三角形为列当种皮，实心三角形为列当的乳突；(A，E) 萌发的列当种子；(B，F) 萌发后 72 h 的列当种子；(C，G) 甘蓝型油菜根系分泌物处理 72 h 后形成早期吸器的列当种子；(D，H) 吸器形成后顶端特写。

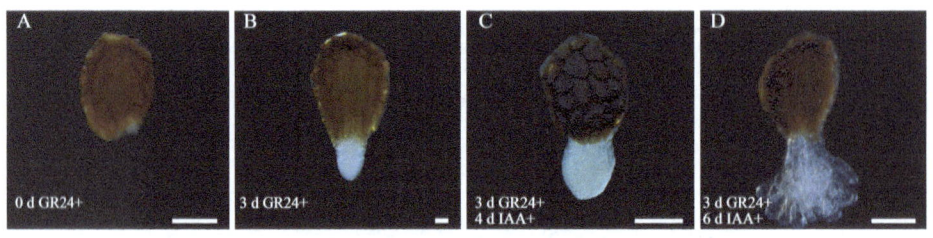

图 3 – 13　处于不同阶段的瓜列当（曹小蕾、曾晓健摄）

注：（A）预培养；（B）种子萌发；（C）芽管伸长；（D）吸器形成。

变为径向生长，芽管顶端由圆锥形转变为球形（见图 3 – 12（B）、图 3 – 12（C））（Vincent et al., 2017）。乳突在顶端细胞周围形成一个冠状结构，冠状结构表面会覆盖一层碳水化合物，用于将列当吸器黏附在寄主根表面。非乳突状的细胞发育成侵入细胞，侵入细胞在列当侵入寄主的过程中发挥重要作用。

四、吸器的形成

从自养生长到异养生长的进化使列当主要营养器官出现减少和退化，最终导致自养功能丢失。成熟的列当根系退化为具有固定功能的不定寄生根，叶片退化为无叶绿素的鳞片。由于根和叶功能的退化，列当进化出吸器，并通过吸器从寄主获得用于生长发育所需的营养物质。吸器是寄生植物的一个重要器官，在被子植物中至少进化了 11 次才形成。萌发的列当芽管顶端形成初生吸器，用于识别寄主，随后吸器吸附在寄主的根部（吸附功能），然后作为侵入器官入侵寄主的维管束（入侵功能），最终与寄主维管束连接使得列当能够从寄主获得水分和营养物质（连接功能）（Riopel, 1995；Joel, 2013）。萌发的列当芽管顶端会形成初生吸器，用于识别寄主，然而这一识别过程非常短暂且关键，形成初生吸器的列当如果不与寄主吸附形成连接就会由于营养耗尽而死亡。由于萌发的列当与寄主连接的失败率较高，因此列当已经进化出感应寄主萌发从而"预测"建立连接潜力的萌发策略。

根据寄生植物吸器形成的部位，可将吸器分为两类：侧生吸器（Lateral Haustoria）和末端吸器（Terminal Haustoria）。侧生吸器指起始于寄生植物寄生根一侧过渡带附近的一个多细胞结构，但是寄生植物的根不会停止生长，根尖的分生组织仍然具有活力（Masumoto et al., 2021）。末端吸器是萌发的寄生植物的芽管顶端分生组织停止生长，细胞扩展形成的多细胞结构的器官（见图3-14、图3-15）。兼性寄生植物只产生侧生吸器，而专性寄生植物在种子萌发后形成末端吸器，并在次生根上形成多个侧生吸器（见图3-14）。由于专性寄生植物在种子萌发后，只能依赖于寄主的营养物质而存活，因此，末端吸器的形成对于列当生存至关重要。

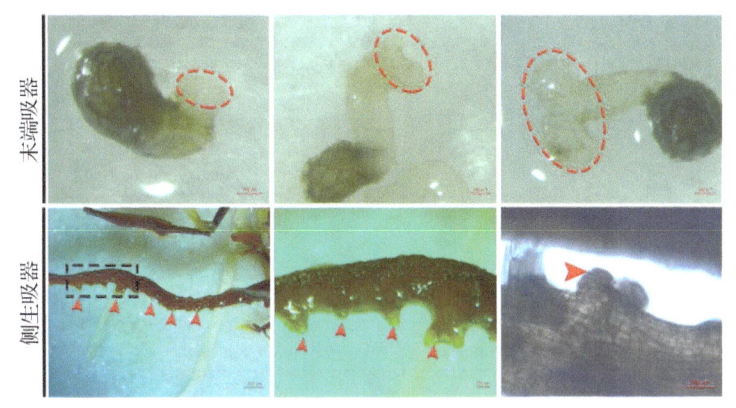

图3-14 瓜列当侧生吸器和末端吸器形态差异（曹小蕾摄）

注：椭圆形红色虚线表示瓜列当在KR1326根系分泌物诱导下形成的末端吸器。黑色方框表示寄生于彩叶草上已经发育至"蜘蛛"阶段瓜列当的次生根在KR1326根系分泌物诱导下形成的侧生吸器。红色箭头表示侧生吸器。

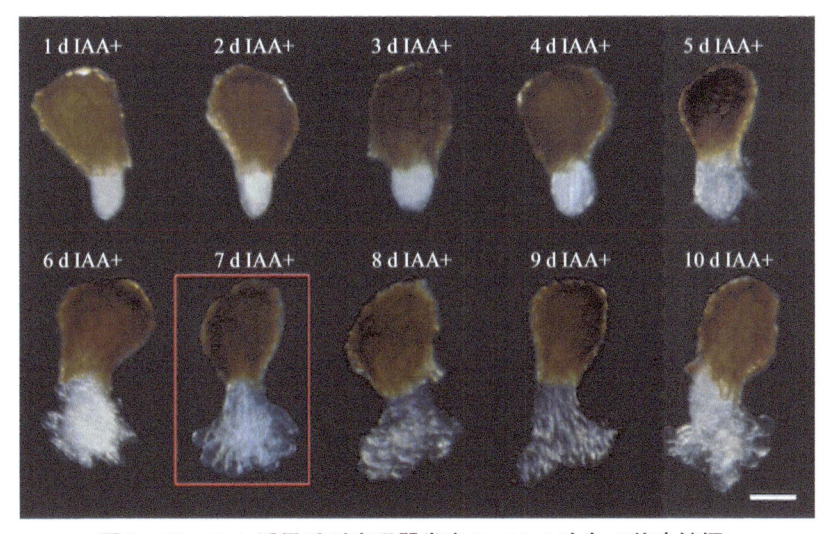

图3-15 IAA诱导瓜列当吸器发育1~10 d动态（曾晓健摄）

尽管侧生吸器和末端吸器在形态上存在差异，但是两者发育过程类似。吸器发育分为三个阶段（见图3-16）：诱导吸器形成、侵入寄主、吸器成熟（Furuta et al.，2021）。大多数寄生植物吸器的形成需要在寄主 HIFs 的诱导下形成（Goyet et al.，2019）。已经鉴定的 HIFs 包括2,6-二甲氧基-邻-苯醌（DMBQ）、醌类、酚类和黄酮类，其中，DMBQ 是最早在高粱根系分泌物中鉴定的极具潜力的 HIFs（Cui et al.，2018）。与拟南芥（CANNOT RESPOND TO DMBQ 1，CARD1）同源的独脚金（*S. asiatica*）SaCADL1 和松蒿（*P. japonicum*）的 CADL1，2，3 均能感知 DMBQ（Laohavisit et al.，2020）。此外，细胞分裂素和烟酰胺腺嘌呤二核苷酸磷酸（NADP）过氧化物酶介导产生的活性氧（ROS）同样能诱导吸器的形成（Keyes et al.，2000；Goyet et al.，2017；Wada et al.，2019）。

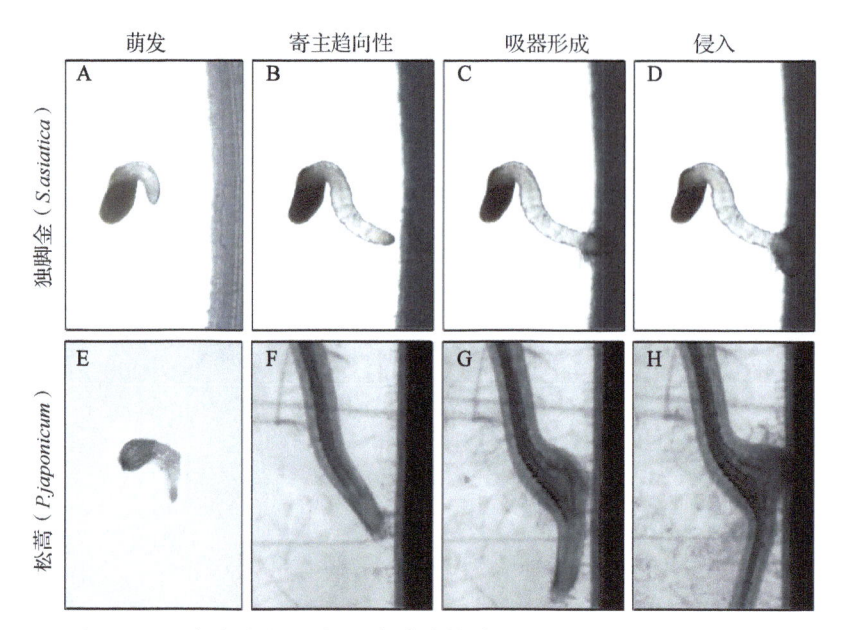

图3-16 寄生植物识别和入侵寄主的过程（Mutuku et al.，2020）

注：（A）萌发的独脚金种子；（B）独脚金的芽管向着寄主（水稻）的根生长；（C）萌发的独脚金种子感知寄主分泌的 HIFs 后，芽管顶端膨大吸附在寄主根表面；（D）萌发的独脚金侵入寄主；

（E）萌发的松蒿；（F）萌发的松蒿芽管向着寄主（拟南芥）的根生长；

（G）松蒿的芽管感知 HIFs 后在过渡区形成吸器；

（H）松蒿在感知寄主分泌的乙烯后侵入寄主。

五、入侵寄主

专性寄生植物如独脚金，其萌发后的芽管与 HIFs 接触 5~8 h 后，芽管停止生长，并且分生组织区出现明显的扩张，表皮和皮质细胞的生长和分裂发生改变，导致局部膨大，形成冠状结构，并分泌黏性物质吸附在寄主根表面。吸器起始位点表皮细胞形成的凸起，在半寄生植物中称为吸器毛，在全寄生植物中称为乳突。在松蒿（*P. japonicum*）中，吸器最初是由 *YUC 3* 转录因子所诱导的，而 *YUC 3* 具有编码生长素生物合成酶的功能，能够在吸器顶端形成大量的生长素，在侵染初期，促进细胞分裂（Mutuku et al., 2019, 2020）（见图 3-17）。*YUC 3* 在

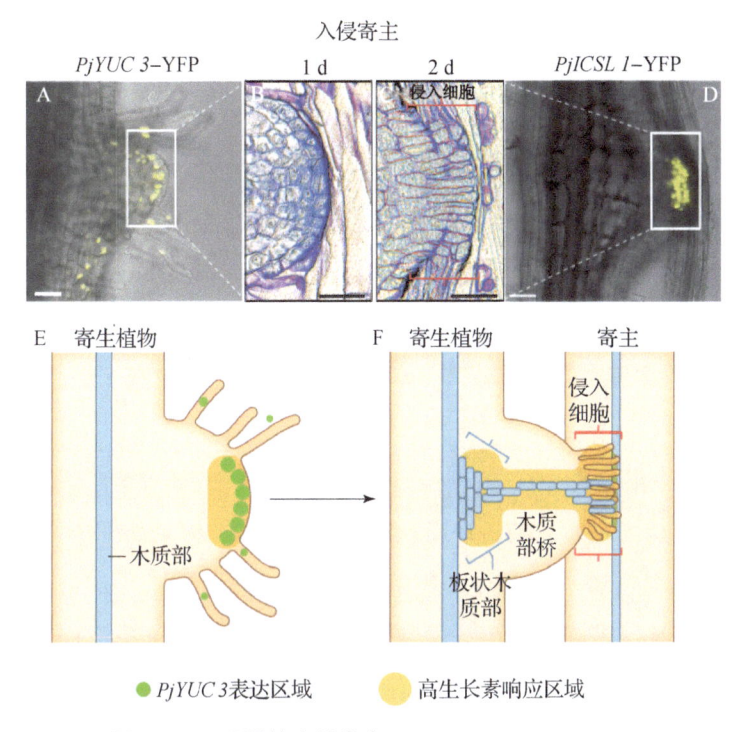

图 3-17 吸器的生长发育（Mutuku et al., 2020）

注：(A) *PjYUC 3* 在与寄主相邻的表皮细胞中特异表达；(B) 吸器面向寄主的一侧细胞分裂产生许多小细胞形成半圆顶状；(C) 吸器顶端表皮细胞分化为侵入细胞，侵入细胞呈栅栏状排列在寄主根附近；(D) *PjICSL 1* 在侵入细胞中特性表达；(E) *YUC 3* 表达促进细胞中生长素积累；(F) 侵入细胞到达寄主维管束后再次分化为木质部细胞，较高的生长素反应区通过生长素运输网络形成木质部桥，最终在寄主木质部附近形成寄生植物的木质部。

寄生植物侵染寄主1~2 d内表达量达到顶峰，随后其表达量开始下降。然而在侵染后期，生长素的含量依然保持较高的浓度，高浓度局部生长素的积累是由生长素输入载体AUX/LAX和生长素输出载体PIN相互协调的作用结果。局部生长素最大化也是次生根发育的典型现象（Zhao，2018）。在兼性寄生植物中，其根与寄主根接触一侧的表皮、皮层、内皮层、中柱细胞开始分裂形成一个半圆顶状吸器结构。有研究表明，侧根发育和吸器发育中的基因表达模式部分重叠。侧器官边界域（Lateral Organ Boundaries Domain，LBD）蛋白可能是一个关键调节因子，协调生长素下游信号，诱导发育，并且在几种寄生植物的吸器发育中高度上调（Ichihashi et al.，2018，2020）。

（一）侵入细胞的形成

一旦吸器接触到寄主根后，寄生植物随即开始侵入寄主。在吸器与寄主根接触后，吸器顶端表皮细胞分化并形成一种新的细胞类型——侵入细胞，用于穿透寄主表皮组织。与其他细胞形状不同，侵入细胞呈栅栏状排列在寄主组织附近。研究表明，乙烯和肽激素参与了诱导侵入细胞形成（Cui et al.，2020；Ogawa et al.，2021），其中，乙烯是侵入细胞形成的必要条件。编码类枯草菌素丝氨酸蛋白酶（SBT）的基因（*SBT 1.1.1*，*SBT 1.2.3*，*SBT 1.7.2*，*SBT 1.7.3*）在*P. japonicum*侵入细胞中表达量较高，表明这些SBT基因在侵入细胞的形成中发挥重要作用。

（二）与寄主根粘连

侵入细胞穿透寄主表皮的机理尚没有完全搞清楚，但是物理压力和细胞壁降解酶是侵入细胞穿透寄主表皮的必要条件（Mitsumasu et al.，2015）。*Orobanche*和*Striga*的细胞壁降解酶及细胞壁修饰酶活性在侵入细胞穿透寄主表皮与皮层组织并接触寄主维管束系统中发挥重要作用。列当多聚半乳糖醛酸酶（Polygalacturonase）和果胶酶（Rhamnogalacturonase）在寄生向日葵和番茄时活性显著增强。在不同列当科寄生植物寄生寄主的过程中，编码果胶裂解酶、果胶甲基酯酶、纤维素酶和植物细胞壁扩展蛋白等细胞壁修饰酶的基因均上调表达（Yoshida et al.，2019）。

（三）与寄主木质部连接

侵入细胞成功到达寄主木质部组织后，一些侵入细胞分化为具有厚次生细胞壁的管状分子，与此同时，在寄生植物维管束附近的一些细胞分化为管状分子，其中，吸器基部附近的管状分子部分为板状木质部（Plate xylem）。最终，木质部细胞连接在吸器中部形成木质部桥（Xylem bridge）。木质部桥的形成除受 HIFs 影响外，还需要其他信号参与调控。一些全寄生植物依靠韧皮部连接寄主并从中获得营养物质，如列当科（Orobanchaceae）植物，而在半寄生植物中，多以木质部连接为主，如 *S. hermonthica* 和 *P. japonicum* 等植物。全寄生植物因通过韧皮部获得营养物质，从而失去了光合自养的能力。

六、物质转移

（一）水分和营养物质转移

木质部桥形成后，寄生植物开始从寄主摄取水分和营养物质（见图 3 - 18）。*Striga* spp.（Pageau et al., 2003）和 *P. japonicum*（Spallek et al., 2017）主要是通过木质部连接来吸收水分和营养物质，而 *Orobanche* spp. 还可以通过韧皮部来获得生长发育所需的物质（Aly, 2013）。

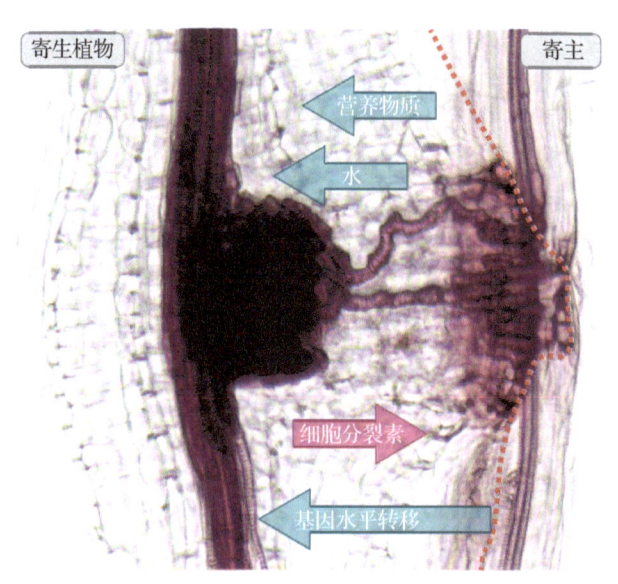

图 3 - 18　寄主和寄生植物间的物质转移（Mutuku et al., 2020）

注：用藏红 - O 对寄主拟南芥（*Arabidopsis* 右）根和寄生植物松蒿（*P. japonicum* 左）的吸器染色。松蒿可以通过吸器从拟南芥获得营养物质、水分、基因。

松蒿也可以产生细胞分裂素，导致拟南芥肥大。

在寄生阶段早期，列当与寄主可通过韧皮部的筛分子（Sieve Elements）的筛孔进行养分运输。这种连接方式可以让寄生植物快速从寄主获得碳水化合物、氨基酸和有机酸（Abbes et al.，2009）。虽然寄主韧皮部可以提供包括矿物质在内的大部分营养物质，但是在寄主和寄生植物之间形成的开放的木质部连接能够允许额外的矿物质和水分流向列当。列当对于水分的获取主要靠列当组织中较低的水势所驱动。这种低水势主要是靠列当组织内溶质浓度（主要是钾离子）比其寄生部位的寄主组织内的溶质浓度高所维持。列当主要靠从寄主韧皮部吸收蔗糖来获取碳源。蔗糖进入列当组织内，会迅速代谢为葡萄糖和果糖，以增加列当的渗透势。此外，蔗糖也可代谢为淀粉，积累在列当的储藏器官——结节中。

寄生植物还可通过透明质体（Hyaline Body）来进行物质转移。透明质体是包围在寄生植物吸器木质部细胞周围的一簇薄壁细胞。透明质体细胞的细胞质较为浓稠且在细胞外形成沉淀，表明透明质体具有较高的代谢活性。透明质体细胞间隙及细胞壁中有大量物质积累，表明其在营养加工和储存中的发挥着重要作用（Pielach et al.，2014）。此外，透明质体的发育与寄主相容性高度相关（Cameron et al.，2006；Gurney et al.，2006）。

（二）遗传物质的转移

列当科植物与寄主可通过基因水平转移（HGT）交换遗传物质（Xu et al.，2022）。Yoshida 等在高粱（*Sorghum bicolor*）中发现了与 *S. hermonthica* 的同源基因 *ShContig 9483*，而高粱是 *S. hermonthica* 的天然寄主。在 *ShContig 9483* 基因的 3′端鉴定到 poly – A 序列（Yoshida et al.，2010），表明寄主 mRNA 被反转录并整合到寄生植物基因组中。此外，*Striga asiatica* 基因组也存在 *ShContig 9483*，同时在寄主基因组中也发现了相邻基因。列当科植物中存在较多的 HGTs，在菟丝子中也发现了大量基于基因组 DNA 水平的 HGTs（Yang et al.，2019），转移的基因多在吸器中表达，表明吸器是寄生植物与寄主进行遗传物质转移的重要器官，然而目前尚未检测到寄生植物到寄主的 HGTs，并且对于如此频繁、单向的大量遗传物质转移的机制尚不清楚。研究发现，转移的基因在吸器中表达，这也意味着转移的基因在寄生植物中获得了功能。

(三) 植物激素

列当科寄生植物不仅能够从寄主获取生长发育所需的物质，还能够将一些物质转移至寄主来操控寄主的生长。*P. japonicum* 在与拟南芥互作中，能够产生过量的细胞分裂素并转移至寄主中（见图 3-18）。细胞分裂素驱动细胞分裂，从而影响寄主根生长、维管束发育和其他生理过程，因此，一些寄生植物能够调控细胞分裂素的量来操纵其寄主根的形态（Spallek et al.，2018）。细胞分裂素生物合成基因在 *P. japonicum* 的吸器中上调，并且在寄生位点上部区域检测到细胞分裂素，转移的细胞分裂素可以诱导寄主根膨大，这种能够增强次生生长的现象普遍存在于许多寄生植物中，如茎寄生植物菟丝子和槲寄生（Furuhashi et al.，2014）。

七、列当异养发育阶段

在列当与寄主维管束连接后几天，留在寄主根外侧的列当部分会发育为一个具有储藏功能的器官——结节。随着结节的成熟，在结节周围会形成很多不定根，而这些不定根具有形成次生吸器和连接的功能。地下幼茎从结节中长出，最终露出土壤表面，列当生殖器官加速发育。

当列当种子进入成熟期，列当的蒴果由嫩黄色转变为深褐色，完全成熟后呈黑褐色。在成熟后期，列当的蒴果纵向裂开散出列当种子。专性寄生列当科的种子较小，大小在 2 mm 左右（*Phelipanche*，*Striga*，*Orobanche* 属；见图 3-19（A）和图 3-19（B））。列当的后熟能力较强，即使在开花期将列当连根拔除，在没有

图 3-19 裂开的蒴果

注：（A）瓜列当；（B）苞谷列当。

寄主的情况下列当种子也能成熟。因此，在田间防治中，应该将拔除的列当及时带出田外，并进行集中烧毁，从而防止列当再次传播和危害。列当的一个蒴果平均能够产生 1 600 粒种子，最多可产生 2 328 粒种子。而每一粒种子在合适的条件下均能发育为一个完整的列当植株。当列当种子成熟后散落到土壤中，便形成一个巨大的种子库，并成为来年主要的侵染源（见图 3 - 20）。成熟的列当种子即使在没有合适的寄主条件下，其萌发能力也能在土壤中保持 10~20 年。列当的这一特性也导致了其防治难度较大。

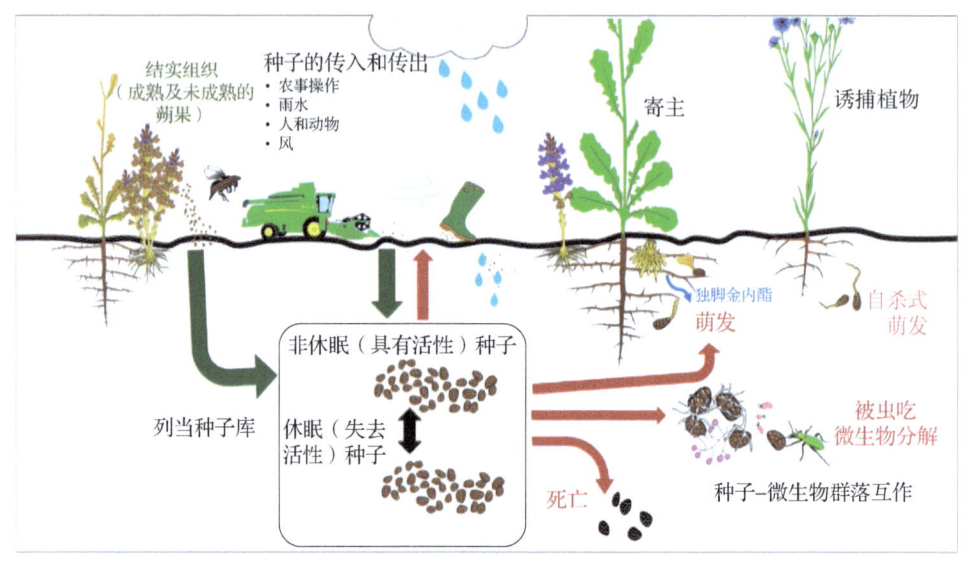

图 3 - 20　列当土壤种子库输入和输出平衡对列当种群动态的影响（Cartry et al.，2021）

注：列当种子库由非休眠种子和休眠种子构成；列当种子可在土壤中存活数十年，并在休眠状态-非休眠状态来回转化；列当种子库的输入主要与列当成熟产籽量有关，而列当种子库的输出主要与列当种子的萌发、种子自然死亡、动物取食及微生物的降解作用有关；列当的传播方式包括农事操作、雨水、人和动物、风等。

了解列当的生活史及其寄生机制对于列当毒力的预测，设计和实施高效、精准、可行、持续的防治策略至关重要，并有助于高效控制列当对农作物的危害，最大限度地减少列当对作物产量损失和环境的影响。

第四节　列当的传播

列当种子具有微小、数量大、存活时间久、极易传播的特性，这导致列当在防治中较为困难,也引起列当在土壤中的种子库急速增加。因此,除采用直接的干预措施外,控制列当的发生面积和切断列当种子的传播途径也成为防治措施中的主要目标。

列当种子的传播途径主要包括近距离传播和远距离传播。列当种子可通过受侵染的土壤、水(流动)、风传播到其他地方,也可通过黏附在放牧动物的皮毛上或通过农具如犁、锄头、耙子以及人的衣服、鞋子等进行传播。此外,列当种子还可通过种子调运(本省不同地区或不同省份、国际贸易)进行远距离传播。在列当发生区,人为传播的作用要比风和水的作用更大(Berner et al., 1994)(见图3-21)。

图3-21 瓜列当生活史(寄主番茄)(Eizenberg et al., 2018)

一、近距离传播

(一)雨水及灌溉水传播

成熟的列当种子或散落在土壤表面的种子可以随雨水及灌溉水在田间由高地势向低洼地势传播。

(二)风传播

一株向日葵列当可产生5万~50万粒种子,且种子非常小,长250~

380 μm，宽 140~240 μm，重 1~2.5 μg。由于列当种子极轻、数量大，因此其极易借助风、动物将种子传播到新的区域，并且可以通过气流进一步传播扩散。Casteljon 等（1991）认为，风在列当短距离传播中起着重要的作用，成熟的列当种子可借助风等自然因素黏附在农作物的种子上或其他植物的种子表面，为其远距离传播提供便利。

（三）农事操作传播

在列当出土和开花期，由于很多农民对于列当的认识不足，即使发现田间出现列当危害的初期症状，也会因尚未造成严重损失而置之不理，这导致了列当在田间的蔓延越来越严重。还有些农民在除草的过程中，将列当和其他杂草一同拔除，放在田埂上或带出田外，由于列当种子具有较强的后熟能力，一旦授粉结束，自身的营养足够完成种子成熟，这也导致了列当在田间或不同田块进行传播。

在列当的成熟期，农民在发生列当的田块进行农事活动后，列当种子可通过黏附在人的鞋子、衣服或农具（犁、锄头、耙子）等物品上，在本田或邻近田块传播。

（四）动物传播

动物取食带有列当成熟种子的植株后，未被消化的列当种子可随粪便排出，从而通过此方式进行传播（Jacobsohn et al., 1987）。列当种子经过动物的消化系统后仍然具有萌发活力，$P.\ aegyptiaca$ 种子在牛胃里 72 h 后便失去活力，而在牛粪里可以至少保持一个月的活力，有活力的列当种子可以直接通过动物粪便排泄的方式在田间传播。

（五）非寄主传播

向日葵列当最早发现于中亚及欧洲东南部，作为一种非危害性寄生植物寄生于野生菊科植物上。向日葵原产于美国，后来在 16 世纪作为一种园艺植物引入欧洲。19 世纪初期，向日葵在俄罗斯作为一种经济作物进行大面积种植。随着向日葵作为一种新作物进行引种和种植面积的扩大，研究者发现，向日葵列当能够寄生向日葵。当向日葵列当适应了新寄主后，肆意繁殖，从而对向日葵生产造成极大危害（Antonova, 2014），向日葵列当也从非危害性寄生植物向危害性寄生植物转变。此外，臭列当（$O.\ foetida$）最早在地中海西部发现，作为寄生植物主要寄生于野生豆科植物上，但是经过几十年的进化，该列当已经能够寄生豆科大多数作物，并且造成一定的经济损失。因此，对于列当寄主范围的鉴定是十分必要的，这样可以防止在轮作的过程中，因种植一些潜在的寄主造成列当的繁殖和传播。

二、远距离传播

远距离传播主要是种子调运。

远距离传播是列当最有效的传播方式之一，而这种传播方式主要是以其种子混在寄主作物的种子中，通过寄主种子、植物材料调运进行传播。列当传入新的地区后，便会快速成为一种入侵性寄生性杂草，进行传播并造成危害。当锯齿列当（*O. crenata*）传入埃塞俄比亚和苏丹时，当地的农民没有意识到这种新的入侵性寄生性杂草的危险性，并没有采取任何的防治措施，最后导致了 *O. crenata* 的传播和危害。

因此，种子清洗、种子认证、植物检疫应被视为防止列当种子扩散的主要方法，并且也是遏制和根除寄生性杂草的第二道防线。

第五节 列当的变异

明确列当种群内部和种群间的遗传多样性对培育不同地理区域的抗性寄主至关重要，研究天然条件下和农业生境中寄生植物的遗传多样性，有助于理解从野生寄生植物到寄生性杂草的进化过程，同时也便于科学地评估一个新的寄生性杂草对于非寄主作物的寄生能力风险。植物种群的遗传多样性是由种群动态决定的，其中包括种群大小和密度的时空变化。对种群数量变化及其增长或下降模式的定量描述，对于量化种群动态趋势非常重要。寄生植物有一系列影响种群动态的策略，并通过这种方式影响其种群的遗传组成和空间结构。寄生植物的以下特性对其遗传结构和进化具有较大的影响。

一、种子的传播

传播能力较强的寄生植物（具有较高的基因流动）比传播能力较弱的植物

具有更高的种群内遗传多样性。种子传播的差异会影响其遗传多样性和种群结构。*Orobanche* 和 *Striga* 的种子非常小,风和水是其主要的自然传播方式(Berner et al., 1994; Ginman, 2009)。风的传播方式随机性较高,主要依赖于当地的环境条件,而与农业操作相关的传播方式是影响寄生性杂草种群的主要因素。在西班牙南部的蚕豆地中发现了一株高度变异(95%)的 *O. crenata*,这一现象的出现主要与人、机械、动物、水、风及寄主的种子对 *O. crenata* 种子持续传播而导致的基因持续流动有关(Román et al., 2001)。

当各个种植区没有寄主种子商业调运时,地理距离成为基因流动的主要障碍,从而促进了区域间的遗传分化。西班牙地区的 *O. crenata* 种群分化水平较低,与叙利亚地区的 *O. crenata* 种群间存在较高的遗传分化水平。研究人员在塞尔维亚发现了两个距离较远的向日葵列当(*O. cumana*)基因库,一个在中部,另一个在南部。采用随机扩增多态 DNA(RAPD)技术和 4 个不同引物来评价塞尔维亚 *O. cumana* 群体的遗传多样性,结果表明 *O. cumana* 群体内存在较高的种群内多样性。这一结果与 Gange 等认为 *O. cumana* 种群间存在较高的变异,种群内变异较小有所不同。这一现象可以通过向日葵种植区的地理位置来解释,向日葵种植区主要位于罗马尼亚、保加利亚和匈牙利边境附近。列当种子非常轻,极易通过水、风、动物、人类的农业操作过程,以及作物种子贸易和受列当污染的向日葵种子库传播(这一传播方式,跨越了空间距离和自然生态系统中的天然障碍)(Pineda-Martos et al., 2014)。此外,种群间密集的基因流动显著影响上述所有 *O. cumana* 种群的遗传事件和差异,这可能导致 *O. cumana* 在塞尔维亚种群的高度遗传变异。受 *O. cumana* 寄生的向日葵种子,有助于特定 *O. cumana* 基因型列当的传播。对于群体间的遗传多样性研究表明,将特定 *O. cumana* 基因型的列当种子引入不同地区将会导致不同群体间进行遗传重组的可能性加大(Pineda-Martos et al., 2013)。不同地区间的列当种子交换,为远距离群体之间基因重组提供了可能性,从而导致塞尔维亚 *O. cumana* 群体内的多样性。所有的这些基因交换机制,有助于形成新的遗传变异和毒力变化。

我国于 1959 年首次报道了向日葵列当在黑龙江肇州县的发生和危害。近年来,由于种子调运频繁、检疫工作滞后以及常年连作等原因,向日葵列当在内蒙古、新疆、吉林、山西、陕西、河北等均有大面积发生,且呈现越来越重的发生态势。由于不同种植区生态环境和种植品种（寄主）各不相同，且向日葵列当既可以自花授粉也可以异花授粉，因此，向日葵列当会存在生理小种的分化，从而导致不同区域向日葵列当群体遗传结构存在一定的差异。

二、繁殖方式

列当从严格的近亲繁殖到专性杂交繁殖，影响种群内和种群间遗传多样性的数量和划分。自交繁殖的物种在种群间基因流动性要比杂交或混交的物种低。自花授粉可以加速种群间分化速度，从而导致不同的生物类型出现。而在混交或杂交的物种中，种群间的差异不明显（Sweigart et al., 2003）。因此，杂交物种应具有更高的多态位点比，每个多态位点应具有更多的等位基因和更多的遗传多样性（Dubois et al., 2003）。与杂交物种相比，自交物种的整体遗传多样性很可能受到限制，因为在自交种群间产生新突变比杂交物种的突变传播到种群间的概率低。

寄生性杂草的遗传多样性与其繁殖方式之间存在密切关系。向日葵列当（*O. cumana*）种群间存在较高的遗传分化，其繁殖方式主要以自花授粉为主，杂交率较低。由于 *O. cumana* 的花弯曲呈管状不利于昆虫的着陆，以及种群内遗传多样性较低，*O. cumana* 通常被归为自花授粉（Satovic et al., 2009）。使用缺乏花青素的突变体作为单基因形态标记进行实验，结果表明，自然异花授粉率在 14.8%~40.0%，这一结果也充分证明了 *O. cumana* 不是严格的自花授粉，也存在一定程度的异花授粉（Rodríguez-Ojeda et al., 2013）。而在大麻列当（*O. ramosa*）的研究中也发现了类似的结果，*O. ramosa* 在种群间存在较高的遗传分化，也以自花授粉为主（Vaz Patto et al., 2009）。在佛罗里达中部的独脚金（*S. asiatica*）植株中，存在较低的扩增片段长度多态性（AFLP）遗传变异，这主要与自交的繁殖方式有关。*S. asiatica* 的花形成一个花粉塞，阻止了花粉的传播，并且极大地阻止了异花授粉，不像其他 *Striga* 属的植物可以通过昆虫进行传粉（Botanga et al., 2006）。

三、寄主的偏好和毒力

寄主诱导选择对于寄生性杂草可能是重要的选择压力。寄生植物间的寄主特异性存在较大差异，不同寄主品种对不同寄生性杂草的敏感性也存在差异。寄生性杂草种群内遗传多样性的研究如下：一是寄主的诱导选择（作物或野生寄主）引起寄生植物感知寄主偏好性产生差异；二是生理小种特征决定了遗传变异和毒力之间的关系。

（一）寄主诱导选择

寄生分化受寄主诱导选择和野生寄生植物对栽培植物的适应性调控。理论上，寄生植物对于寄主的选择作用于单基因或基因组的非常小的一部分，而基因组的其余部分受其他进化力调控，即重组（花粉流通）和迁移（种子传播）。在突尼斯，寄生鹰嘴豆（*Cicer arietinum*）的 *O. foetida* 种群和寄生蚕豆的 *O. foetida* 种群在分子水平上存在显著差异，*O. foetida* 的专化性可能是由不同作物的强大选择压力所造成的。这一类型的分化在本土种群小列当（*O. minor*）的分化中也有报道，海胡萝卜（*Daucus carota* sp. *gummifer*）上的 *O. minor* sp. *maritima* 来自生长在三叶草上的 *O. minor* var. *minor* 变种受寄主驱动（Thorogood et al., 2008，2009）。造成以上寄主选择的主要原因：一是不同列当对于寄主根系萌发刺激物的感知存在差异；二是列当的传播能力、大小、在寄主根系上的生长速率也不同。一个快速生长的根系在土壤中遇到寄生性种子的概率更大。向日葵列当小种（*CUCE*）通过种子感应独脚金内酯（Strigolactones）萌发，从而扩大寄主范围。此外，*CUCE* 能够在聚乙烯袋系统和盆栽条件下寄生向日葵、番茄和烟草，并且其种子可以感应独脚金内酯（Orobanchol，5-Deoxystrigol，2′-Epiorobanchol 和 GR24）和去氢木香内酯（DCL）萌发（Dor et al., 2019），然而向日葵列当（*O. cumana*）只能感应 DCL 和 GR24，弯管列当（*O. cernua*）只能感应独脚金内酯。通过形态学和分子鉴定发现 *CUCE* 与 *O. cumana* 极为相似，并且 *CUCE* 能够寄生向日葵和在向日葵根系分泌物的刺激下萌发。以上结果表明，*CUCE* 是一个新的小种，并且其寄主范围已扩大到了茄科作物。作为向日葵生产中的重要杂草，*CUCE* 目前正在以色列的加工番茄中传播和危害。这一发现也预示着列当可以改变寄主范围，并且与其相似的新的向日葵列当小种也可能出现在别的国家。

野生植物可以在克服寄主作物遗传抗性中发挥重要的作用，但关于野生植物和寄生性杂草之间遗传互作的研究较少。杂草种群的毒力进化可能对野生植物的分布产生影响。Botanga 等用采自寄生在野生寄主上的 8 个种群的 *S. asiatica*

（L.）种子接种在感性玉米和高粱上，结果发现没有一个种群的 *S. asiatica*（L.）寄生高粱，但有 3 个种群可以寄生玉米。这可能是由于 *S. asiatica*（L.）对寄主产生了局部适应性，从而引起其对寄主的高度专化性。与之类似，Botanga 和 Timko（2006）报道 *S. asiatica*（Willd.）Vatke 偏好寄生豇豆（*Vigna unguiculata*（L.）Walp.）和野生豆科植物（*Indigofera hirsuta* L.）。然而，*S. hermonthica*（Del.）Benth. 种群对高粱、珍珠粟、玉米和野草的寄主专化性的遗传分化较小。

（二）追溯新种群的起源

利用遗传多样性可以推测出寄生农作物上寄生性杂草的来源。对同一地区寄生野生植物和寄生农作物的寄生植物种群的比较研究，有助于阐明寄主的专化性。利用 AFLP 标记，将寄生栽培豌豆的 *O. foetida* 种群、同一地区寄生野生 *Scorpiurus muricatus* 的 4 个 *O. foetida* 种群和寄生 *Ornithopus sativus* 的 *O. foetida* 种群进行比较，结果显示，寄生栽培豌豆的 *O. foetida* 种群和寄生野生 *S. muricatus* 的本地种群更接近，而寄生在 *O. sativus* 的 *O. foetida* 种群差异最大，这也意味着 *O. foetida* 不是一个外来的寄生性杂草，并且寄生在野生 *S. muricatus* 的 *O. foetida* 具有寄生农作物的风险（Vaz Patto et al.，2008）。

（三）列当生理小种

列当生理小种的出现主要由列当种群对不同品种寄主的寄生能力所决定。下面是几个寄生性杂草新的生理小种：寄生向日葵的 *O. cumana* 生理小种（Eizenberg et al.，2004）、寄生蚕豆的 *O. foetida* 生理小种、寄生野豌豆的 *O. crenata* 生理小种（Joel et al.，2012）、寄生烟草的 *O. ramosa* 生理小种（Buschmann et al.，2005）、寄生豇豆的 *S. asiatica* 生理小种（Noubissie et al.，2010）。因此在筛选抗性种质资源时需要明确寄生植物的种群和基因型特征。

寄生植物生理小种的出现对育种工作者培育抗性品种提出了巨大的挑战。分子标记已被用于鉴定各种寄生性杂草的生理小种。利用 ISSR 标记进行遗传多样性研究，可以鉴定两个具有不同致病性水平 *O. ramosa* 群体（Buschmann et al.，2005）。利用 AFLP 标记技术可分析寄生在豇豆上 *S. asiatica* 不同生理小种的遗传变异。

新的生理小种的出现往往能够克服作物对于寄生性杂草原有的抗性。而寄主作物的遗传抗性只有在没有新的生理小种出现的情况下有效。除此之外，在寄主作物中所培育的具有遗传抗性的作物只针对特定生理小种的寄生植物有效，而这一抗性往往能够被不同区域的寄生植物种群所克服（Pérez‐de‐Luque et al.，2009）。在培育抗性品种的育种策略中，利用寄生植物的毒力水平和分子多样性之间的相关性来区分寄生植物的生态型，将有助于培育抗性持久的多基因抗性。

四、高选择压

O. cumana 寄主范围相对较为狭窄，引起其对寄主高度专一性的原因很有可能与向日葵遗传抗性的方式有关。在大多数的作物中，对于列当属寄生植物的抗性为水平抗性，即多基因和非小种专化性抗性，而对向日葵列当的抗性主要是垂直抗性，即单基因、显性、小种专化性。随着抗 *O. cumana* 的向日葵品种大面积种植，形成了较高的选择压，最终导致了新生理小种的出现（Molinero‐Ruiz et al.，2015）。平均每 1~20 年，都会陆续出现和传播新的生理小种，如 *A~H* 生理小种，因此，在未来的育种策略中，应该整合数量性状抗性或结合不同的抗性机制进行抗寄生植物的培育（Louarn et al.，2016）。

五、农业的影响

与天然的生物群落相比，农业植物群落所施加的不同的生态约束和变化性对寄生性杂草种群多样性和种群动态有着巨大的影响。由于长期农业种植，因此在土壤中形成了持久的种子库，并且随时都可以形成遗传种群结构。寄生性杂草种子的农业传播主要是由人、农具、动物、水和风造成的。寄生性杂草种群等位基因交换频繁发生，与土壤栽培、田间种植的寄主作物以及防治技术关系密切。随着全球作物种子交换和运输越来越频繁，寄生性杂草种子的传播速度也越来越快，这将导致地理分化较难区分，其主要原因是寄生性杂草的种群结构不像在自然生态系统中仅仅依赖于空间距离或基因流动的局部障碍。

综上所述，列当种群内的遗传多样性主要受繁殖方式、种子传播途径、种群年龄以及寄生能力等多种因素的综合作用所调控。

第四章
如何防治列当

列当属植物是世界上严重危害农业生产的一类寄生于寄主根部的全寄生杂草。尽管现有的防治技术对列当控制效果不理想，但科学家一直以来仍在尝试通过以下几种途径开发防治列当的方法：植物检疫、农业防治、抗性育种及农作物合理布局、化学防治、物理防治和生物防治。本章将对每一种防治途径的研究进展和应用情况进行介绍。

第一节 植物检疫

近年来，随着我国产业结构调整，向日葵、甜瓜、籽瓜及加工番茄等作物的种植规模逐年增加。由于无序的种子调运、滞后的检疫措施、不合理的连作和引种混乱等因素，列当在我国部分地区的发生日益严重。

2019年《全国农业植物检疫性有害生物分布行政区名录》的统计数据显示，目前列当已经分布于我国的新疆、内蒙古、山西、陕西等9个省（自治区）的171个县（市、区），且呈扩散趋势。据多年调查，瓜列当和向日葵列当已经在新疆的5个自治州、7个地区的90多个县市以及新疆生产建设兵团的9个农业师的20多个农牧团场发生，几乎遍布了整个新疆地区，危害日益严重。

从瓜列当在新疆的分布情况、潜在危险性、寄主的经济重要性、传播与定殖的可能性以及风险管理的难度等多个方面进行研究，并结合新疆地区甜瓜、加工番茄等重要经济作物的栽培情况，瓜列当的生物学特性和口岸疫情等因素，对瓜列当进行评估，将瓜列当在新疆地区的危险级别定位为"高度危险，接近特别危险"的有害生物级别。同时对向日葵列当在我国的风险性进行了定量分析,将向日葵列当列为高度危险级别的有害生物。

列当主要分布在我国东北地区、内蒙古、新疆、西藏、四川、河北、山西、陕西和甘肃等省（自治区）。以上地区不仅是瓜列当和向日葵列当的适生区,也是这两种列当的寄主适生区。因此,瓜列当和向日葵列当对我国北方大部分地区构成了潜在的严重威胁。

一、传入新区后对主要寄主的危害

向日葵列当和瓜列当在我国的一些地区已经成为危害严重的寄生性杂草,对农作物产量和品质造成了严重威胁。1959年,黑龙江省肇州县首次发现了向日葵列当。2003—2005年,向日葵列当在向日葵生产县广泛分布,并呈现出日益严重的趋势。当向日葵受到向日葵列当的寄生后,其生长速度明显减缓,株高下降,产量和品质均受到影响。在列当严重发生区域,向日葵的花盘枯萎并掉落,整株植株甚至枯死,导致产量绝收。

瓜列当从种子萌发到出土通常需要 10~14 d。出土后,其将持续寄生在甜瓜上,对甜瓜的危害程度与寄生时间的早晚有关。列当在甜瓜开花之前寄生,可引起寄主植株无法正常开花结果,甚至会停止生长或死亡。列当在甜瓜开花期寄生,尽管甜瓜可能会开花结果,但植株出现早衰,并引起果实的商品价值下降。列当在甜瓜结果期寄生,对当季甜瓜的产量和品质影响不大,但瓜列当的种子将大量积累在土壤中,成为未来多年的侵染源（张红等,2021）。

加工番茄是瓜列当的另一个主要寄主,列当对其侵害可以发生在寄主整个生长周期。在幼苗期被瓜列当寄生后,植株不能正常生长,这使得植株矮小,甚至干枯死亡。在后期被寄生后,加工番茄的产量和品质显著降低。一般情况下,单株加工番茄被5株瓜列当寄生后出现明显减产,被寄生10~20株减产30%左右,被寄生30株以上减产则超过80%。瓜列当寄生越早,发生数量越多,对加工番茄的影响越大,减产越严重,部分加工番茄种植区因瓜列当危害造成减产60%以上。

二、传播方式

列当种子不仅极小，而且可在土壤中存活 10～20 年。列当传入非疫区后，会迅速作为入侵物种对作物进行危害，对寄主作物安全生产构成巨大威胁。列当可通过多种方式传播和蔓延，如随交通工具、未腐熟的粪肥、放牧动物、植物材料（如混杂在寄主作物种子中）、灌溉、雨水和风等方式。列当的跨境传播主要是通过种子或果实运送。

三、列当监测检测技术

列当监测检测可参考《列当属检疫鉴定方法》（SN/T 1144—2020）来实施。对来源于植物且未经加工或者虽经加工但仍有可能传播病虫草害的产品，如粮食、豆、棉花、麻、烟草、籽仁、干（鲜）果、蔬菜、药材、木材、源性饲料等，进行抽样时，每份原始样品的总质量为 2 000 g，在未充分混匀的原始样品中每份复合样品的质量应不少于 1 500 g。

（一）种子取样

包装大于 0.5 kg 的按以下标准随机取样，每份样品的扦样点不少于 5 个：10 kg 以下取 1 份；11～100 kg 取 2 份；101～1 000 kg 取 3 份；1 001～5 000 kg 取 4 份；5 001～10 000 kg 取 5 份；100 001 kg 以上每增加 5 000 kg 增取 1 份样品，不足 5 000 kg 的计取 1 份样品。每份样品的质量：大粒种子（如玉米、花生、大豆等）为 2.5 kg；中粒种子（如麦类、绿豆等）为 2.0 kg；小粒种子（如谷子、苜蓿等）为 1.5 kg；细小或轻质种子（如烟草等）为 1.0 kg。包装小于 0.5 kg 的按以下标准随机取样：100 包以下取 1 份；101～500 包取 2 份；501～1 000 包取 3 份；1 001～5 000 包取 4 份；5 001～10 000 包取 5 份；10 001 包以上每增加 5 000 包增取 1 份，不足 5 000 包的余量计取 1 份；每份样品的质量为 1 kg。

（二）植物取样

对进口的植物，包括苗木、花卉进行检疫时，应查看苗木、花卉是否有残存的列当寄生物及根部是否有列当寄生。植物按以下标准随机取样：50 株以下取 1 份；51～200 株取 2 份；201～1 000 株取 3 份；1 001～5 000 株取 4 份；5 001 株以上每增加 5 000 株增取 1 份，不足 5 000 株的余量计取 1 份样品；每份样品 5 株。

(三) 现场检疫

在现场检疫时，对从疫区进口的植物、植物产品应进行仔细检验，特别是列当危害的寄主，如葫芦科、菊科、豆科、茄科、十字花科、伞形科、禾本科及其他科属的植物种子，应过筛后进行仔细检验，筛下物应在体视显微镜下观察，发现有可疑的应在显微镜下仔细观察，必要时做电镜扫描，以防漏检。

(四) 检验方法

把检验样品放入三角瓶内（三角瓶视检验样品多少定大小），然后加少许肥皂水或1%表面活性剂，再加自来水直至覆盖检验样品。摇匀，静置 10 min。把三角瓶内检验样品连同液体一起倒入上筛为 60 目（孔径为 500 μm）、下筛为 300 目（孔径为 500 μm）的套筛中（套筛直径最好为 10 cm，上大下小）。用自来水冲洗三角瓶 7~8 次，并将冲洗液倒入上筛冲洗检验样品。移开上筛，用自来水冲洗下筛壁，用滤纸吸干后，把下筛直接放在体视显微镜下仔细观察，发现有列当种子时，需移至显微镜下确定，必要时需做电镜扫描。列当种子多为倒卵形或不规则形，少有椭圆形、圆柱形或近球形，细小似灰尘（0.2~0.5 mm），深黄褐色至暗褐色，种脐明显或不明显，种皮表面凹凸不平，有脊状条纹凸起形成网，网眼浅，方形或纵矩形，网壁平滑，网眼排列规则或不规则，网脊平无小凸起，网眼底部网状或小凹坑状。

四、对检疫工作的几点建议

在列当的防治策略中，预防或避免列当种子污染土壤或农作物种子应被视为主要的防治方法之一，为了防止列当进一步扩散，建议海关检疫部门采取以下措施来加强管理。

(一) 增加资金投入

瓜列当和向日葵列当属于接近特别危险级别的高危险有害生物，应加大对防控工作资金的支持力度，确保早期监测、早期发现和早期防控，以防止其传入非疫区。这不仅有助于保护甜瓜、西瓜、籽瓜、向日葵和加工番茄等重要经济作物的安全生产，还能促进农民的增收。

（二）进行全国性普查

建议进行全国性的瓜列当和向日葵列当分布普查工作，明确其在国内的分布区域，准确划分疫区，并制定疫区种子、种苗和土壤的强制检疫制度。同时，要严格执行禁止从疫区向非疫区进行种子和种苗的调运，以阻止其进一步传播和扩散。

（三）加强合作与技术开发

建议各地植物检疫部门加强合作交流，召开瓜列当和向日葵列当研讨会，并开展联合调查。此外，还应组织列当疫情和检测技术培训班，以提高列当检测的精确度和准确性。

（四）加大科普宣传力度

为了提高农民的意识，建议加大科普宣传力度，让农民了解清洁机械的使用、限制放牧和牲畜在疫区流动等措施的重要性。这有助于农民认识到列当的危害，从而能早期发现列当和采取预防措施。2005 年，当 *O. crenata* 传入埃塞俄比亚和苏丹时，当地农民未听说过这种杂草，因此无法对其制定有效的防治策略（Abang et al.，2007）。对于低投入或低产值的作物，预防措施尤为重要，因为此措施不会增加农民的额外成本。

第二节 农业防治

农业防治是通过有目的有计划地改变农业生态环境，达到有利于农作物的生长发育，同时不利于有害生物的发生或繁殖的目标。我国的农民自古以来非常重视环境治理和防治病虫害。早在公元前 239 年成书的《吕氏春秋》中就有记载："大草不生，又无螟蜮"，而《王祯农书》中也提到："耙功不到，土粗不实……有悬死、虫咬、干死之病。"因此，利用改变耕作制度、轮作换茬、整地施肥、科学灌溉、调整作物的播种期和强化田间管理等农业防治技术也能在一定程度上减少列当的发生。

一、轮作诱捕作物或种植捕获作物防除列当

由于列当的寄生过程发生在地下，在列当出土到开花结果之前已经在地下完成了对寄主的寄生，列当出土之前便对农业生产产生了巨大危害，所以，在列当出土后的防治措施难以达到预期的防除效果。将列当的寄主作物与非寄主作物合理进行多年轮作，可使土壤中一部分列当种子逐渐丧失活力。将向日葵与禾本科植物、甜菜、大豆等向日葵列当的非寄主作物进行 5~6 年以上的轮作后，可显著降低列当对向日葵的危害。

由于列当种子的休眠时间很长，一般的轮作方式至少需要 9 年以上才能有效减少列当种子库。但如果轮作中加入了诱捕作物，则可以显著增强消除列当种子库的效果（Rubiales et al.，2009）。种植诱捕作物作为"假寄主"诱导列当"自杀性萌发"，进而保护列当侵染的土地，虽然目前这种方法并不完美，但不断有研究人员在完善该措施。利用芝麻、埃及三叶草和绿豆与番茄轮作可有效减少列当侵染。因此，通过采用诱捕作物与寄主作物进行轮作是防治列当危害的一种既经济环保又长期有效的方法（马永清等，2012）。

捕获作物是指在播种列当寄主后诱导列当种子萌发并寄生，在列当成熟前将寄主毁灭，减少列当种子库后再播种作物，以达到减轻列当危害的目的。有研究表明，播种感独脚金（一种主要寄生于禾本科作物的半寄生杂草）的高粱品种，然后在独脚金出土时烧毁田地，可消除传播的机会并减少土壤中的种子数量。还有研究人员利用油菜作为捕获作物来防除瓜列当，可将瓜列当种子库减少 30%。

尽管种植诱捕作物或捕获作物已经诱捕或捕获了许多列当种子，但与土壤里的列当种子库相比，这仅仅是冰山一角。这也是这种方法至今未大面积推广应用的原因之一。然而，可以将这种方法纳入田地的定期轮作和休耕管理措施中。

二、间作种植模式防治列当

在非洲地区，采用间作种植模式是一种低成本的防治方法，可用于防治半寄生杂草独脚金。与使用诱捕作物或捕获作物来诱导列当种子萌发不同，一些植物可通过其根系分泌物的化感作用来抑制列当种子的发芽（Habimana et al.，

2013)。例如，一些谷类作物、胡芦巴（*Trigonella foenumgraecum* L.）以及伯西姆三叶草（*Trifolium alexandrinum* L.）在田间能够释放出具有抑制锯齿列当（*O. crenata*）种子发芽的化合物，这主要源于胡芦巴中的 2-Benzoxazolinone 以及禾谷类作物中的 Benzozazolinones 对 *O. crenata* 的种子发芽具有较强的抑制作用。这种方法的优点在于经济有效，通过种植特定的作物减少列当的危害，且不需要额外的投入。

三、调整土壤肥力防治列当

研究发现，土壤中的氮、磷等营养元素的含量和比例可影响植物体内独脚金内酯的合成和分泌。当植物体内缺乏氮、磷等元素时，寄主根系会增加独脚金内酯的分泌，从而增加列当的寄生率。谷氨酰胺合成酶在氨同化和解毒中的活性较低，导致铵态氮可通过抑制根伸长来减少列当种子发芽的有效氮吸收（Westwood et al.，1999）。在瓜列当防治试验中，施用 200 kg/hm² 的硝酸铵肥料可以降低 34% 的列当生物量（Ghaznavi et al.，2019）。因此，增加土壤中的氮和磷的含量有助于抑制列当的寄生。

长期施用有机肥料不仅可以有效防止氮素流失，还能够抑制列当的生长（Lei et al.，2005）。在田间施加 20 t/hm² 的羊粪可以显著抑制列当的生长，使用鸡、牛、羊粪和木屑等有机处理也可以减少列当的侵染（Haidar et al.，2003）。施用 1.5~2.0 t/hm² 的山羊粪可以显著减少大麻列当（*O. ramosa*）的生长，并使芽（茎）干重减少 58.5%。烟草田中施用 10.5 t/hm² 的牛粪和 30 t/hm² 的羊粪防治列当的效果分别可以达到 36% 和 66%（唐嘉成等，2013）。堆肥也是一种可以有效防治瓜列当的方法，长期施肥可以使列当种子永久失活。除动物粪便外，以槲皮素水合物、酚类、秸秆、牛粪、生活垃圾、废茶叶和麸皮为原料的堆肥在抑制列当种子发芽方面也有较好的效果。此外，施用有机肥料或化肥可以改变土壤的化学条件，如降低 pH 值，这可能会影响寄主细胞的渗透潜力，从而限制了寄主与列当的相互作用。

在农业轮作中，玉米、苜蓿与冬小麦、糜子轮作可以促进真菌和放线菌的生长，并减少寄主独脚金内酯的分泌，从而在一定程度上抑制列当的寄生（López-Ráez，2016）。此外，硅元素可通过增加植物的抗氧化活性来增强寄主对生物胁迫的抵抗力。使用 1.7 mol/L 的含硅营养液处理番茄后，列当的结节数量减少了 61%（Karimmojeni et al.，2017）。以上研究表明，有机肥料和土壤环境因素对列当的防治和农作物生长有着重要影响，可作为列当防治策略的一种方法。

四、调整播期和移栽

改变播种日期可以干扰列当对热量的需求，从而减轻列当的危害（Habimana et al.，2013）。由于大多数列当发生地区作物通常在夏季种植，而春季常伴随着寒冷和频繁的降雨，因此早期播种技术上并不适用。虽然移栽种植番茄和蔬菜可以降低列当侵染率，但并没有直接证据表明移栽对列当的防治有效果。在我国新疆，移栽种植方式似乎未能减轻对加工番茄的列当危害。

推迟播种日期是一种防治豆类 O. crenata 的有效策略。López - Granados 和 García - Torres（1999）测试了不同季节种植的蚕豆根系分泌物对同一批 O. crenata 种子萌发的影响率，结果显示，春季和夏季种植的蚕豆根系分泌物较低，而秋季和冬季种植的蚕豆根系分泌物较高。此外，在田间条件下，O. crenata 种子可能会因长时间处于预培养状态而进入二次休眠期。因此，推迟豆类作物的播种会延长列当种子的预培养时间，可能使列当重新进入休眠状态，从而减少列当的侵染（Van Hezewijk et al.，1994）。在以色列，推迟冬季作物的播种可能会减少 O. crenata 的侵染并减少损失。类似地，提前播种向日葵可以降低向日葵列当在西班牙科尔多巴地区的侵染率。这些研究结果表明调整播期对列当防治具有一定的作用。

五、其他农业防治措施

适量的灌溉可以促进蚕豆根系更好地生长，并减少列当的数量和干重。在水分胁迫条件下，植物的根部会合成脱落酸，而脱落酸可以抑制独脚金内酯等萌发刺激物的合成，从而达到了防治列当的效果。与漫灌和洒水灌溉相比，滴灌可以显著降低列当的数量和干重。

耕作对寄生性杂草种子在土壤中的垂直分布以及幼苗的出土和存活都具有重要影响（Parker，1991）。由于土壤表面的水分较少，寄生性杂草种子在土壤表面的发芽率和存活率较低，因此，减少或放弃耕作，可以降低土表存活列当种子的机会。此外，土壤免耕层中积累了大量的有机质和高生物活性物质，对未发芽的列当种子具有一定的破坏作用。

综上所述，农业防治列当的方法是多样的，可以根据具体情况采取不同的措施。这些方法不仅可以减轻列当对农作物的危害，还有助于改善土壤环境和促进农作物的生长。

第三节　抗性育种及农作物合理布局

传统的农业防治措施存在成本高、操作困难、费时费力的问题，而且无法完全根除列当的发生。化学防治方法通常只能针对列当的地上部分进行处理，无法有效地阻止种子的萌发和寄生，因此防治效果不佳，并且可能对农作物的健康生长和环境造成污染的风险。生物防治虽然有潜力，但目前大多仍处于研究试验阶段，田间推广和产品大规模应用的报道相对较少。因此，在列当高发地区，培育抗列当品种变得尤为重要。目前，培育抗列当品种是最环保、经济有效的列当防治方法。已经有报道表明，在西甜瓜、向日葵、蚕豆、豌豆、鹰嘴豆、烟草、油菜、芝麻、苜蓿、番茄等寄主作物上进行了抗列当的选育工作。

一、西甜瓜抗列当育种

西甜瓜是世界重要的园艺类水果作物，具有土地利用率高、市场消费需求量大和种植经济效益显著等特点，其果实深受各国消费者的喜爱。瓜列当在新疆多地均有分布，对新疆西甜瓜生产造成了严重威胁，导致每年 3 500～5 000 hm² 西甜瓜减产，1 500～2 000 hm² 西甜瓜绝收，有效控制瓜列当的危害和进一步传播蔓延对保障新疆西甜瓜产业基地可持续建设十分重要。目前国内外关于不同西甜瓜品种对瓜列当寄生抗性评价的报道较少，迄今为止尚未有完全抗瓜列当寄生的西甜瓜品种报道。彭金凤等（2018）采用根室、盆栽、田间小区法对 31 个新疆栽培甜瓜品种进行抗瓜列当的筛选和评价，得出金甜蜜 17 号具有较好的抗性。曹小蕾等（2020）对 19 份栽培甜瓜和 9 份野生甜瓜种质材料进行抗瓜列当寄生能力鉴定，发现野生甜瓜 PI 614391、栽培甜瓜 Sekine 对瓜列当有较强的耐寄生性（见图 4-1）。Cao et al.（2023）对 27 份甜瓜品种进行抗瓜列当寄生能力筛选和评价，发现黄皮9818和KR1326对瓜列当寄生表现出较好的抗性（见图4-2），且这两个甜瓜品种对采自新疆塔城地区额敏县第九师163团4连（Plot1）、新疆昌吉回族自治州呼图壁县第六师军户农场3连（Plot2）、新疆巴音郭楞蒙古自治州焉耆回族自治县第二师21团7连（Plot3）、新疆巴音郭楞蒙古自治州焉耆回族自治县第二师22团3连（Plot4）、新疆巴音郭楞蒙古自治州焉耆回族自治县第二师25团（Plot5）、新疆哈密市伊吾县第十三师淖毛湖农场（Plot6）6个不同地区的瓜列当均表现出一致的抗性，均出现瓜列当生长发育停滞的现象（见图4-3）。

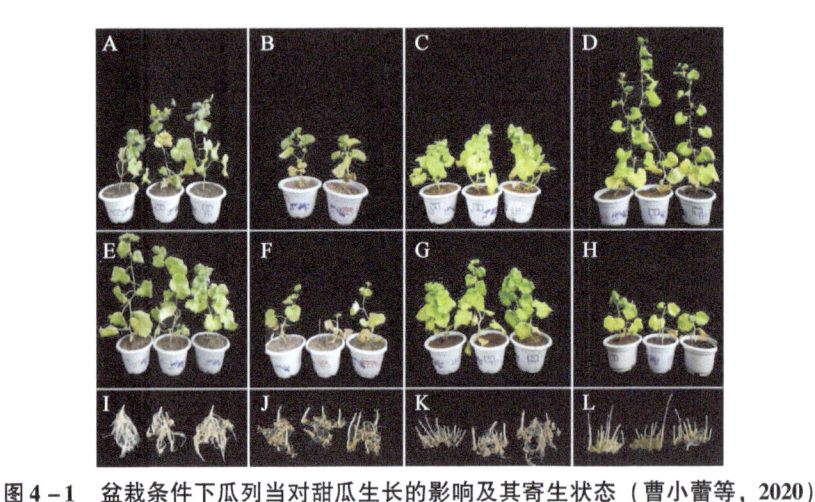

图4-1　盆栽条件下瓜列当对甜瓜生长的影响及其寄生状态（曹小蕾等，2020）

注：（A~D）依次为Sekine、PI 614391、安农2号、新引甜16号未接种瓜列当生长状态；（E~H）依次为Sekine、PI 614391、安农2号、新引甜16号接种瓜列当生长状态；（I~L）依次为Sekine、PI 614391、安农2号、新引甜16号根部瓜列当寄生状态。

根据抗性机制发生在列当吸附寄主前还是吸附寄主后，可将抗性机制划分为吸附前抗性和吸附后抗性。曹小蕾等（2020）通过提取KR1326和K1076根系分泌物粗提物检测其对瓜列当种子萌发的诱导活性，并测定内源5-DS的含量，发现KR1326对瓜列当的抗性与低诱导瓜列当种子萌发无关（见图4-4）。通过石蜡切片及组织化学的方法对不同发育阶段的瓜列当进行组织结构、胼胝质、木质部发育的检测，发现KR1326在接种瓜列当第23天，列当结节严重褐化并且列当生长发育停滞（见图4-5），列当木质部发育较弱，且在其寄生位点检测到了大量木质素和胼胝质的积累（见图4-6、图4-7）。

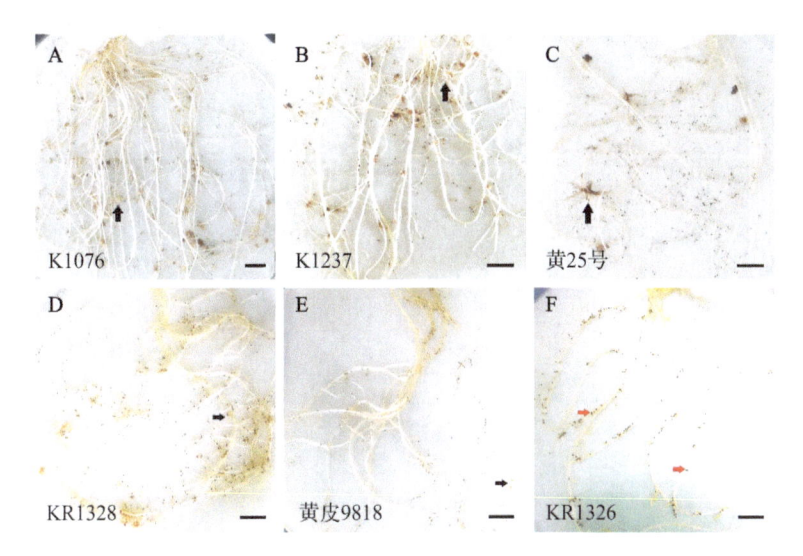

图 4-2 接种瓜列当 35 d 后（根室试验），列当在不同甜瓜品种根部的寄生状态（Cao et al.，2023）

注：（A，B）K1076 和 K1237 对瓜列当的寄生表现出极易感，在其根部有较多的列当寄生；（C）黄25号对瓜列当的寄生表现为感，列当在其根部可发育至"蜘蛛"状发育阶段；（D）KR1328 根部有较多发育至结节状态的列当；（E，F）分别为抗性甜瓜品种黄皮 9818 和 KR1326，在其根部有大量坏死的结节；黑色箭头表示列当能够正常发育，红色箭头表示结节出现坏死现象。标尺：2 cm。

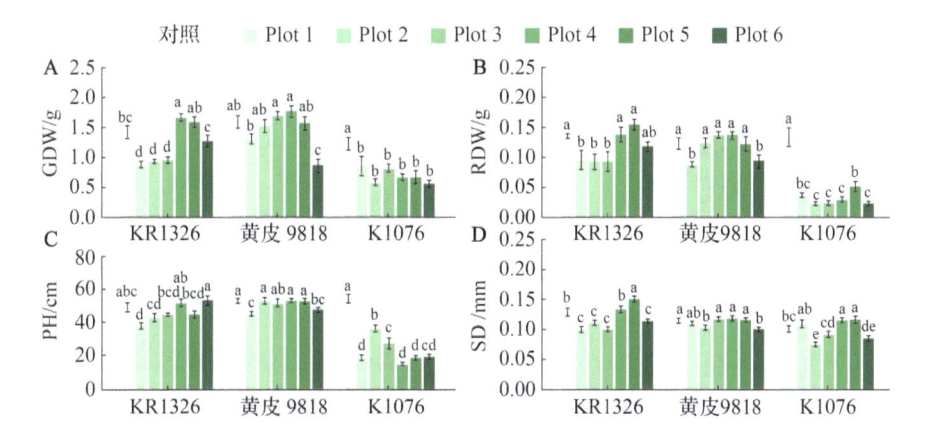

图 4-3 6 个不同地区的瓜列当对不同抗性甜瓜品种生长的影响（Cao et al.，2023）

注：（A）列当对甜瓜地上部分干质量的影响（GDW）；（B）列当对甜瓜根干质量的影响（RDW）；（C）列当对甜瓜株高的影响（PH）；（D）列当对甜瓜茎粗的影响（SD）

图 4-3　6 个不同地区的瓜列当对不同抗性甜瓜品种生长的影响（Cao et al., 2023）（续）

（E）接种和未接种列当甜瓜生长状态。图中数据为平均值 ± 标准误差（$n = 10$），不同小写字母表示不同处理之间经 Duncan 新复极差法检验差异显著（$p \leq 0.05$）。

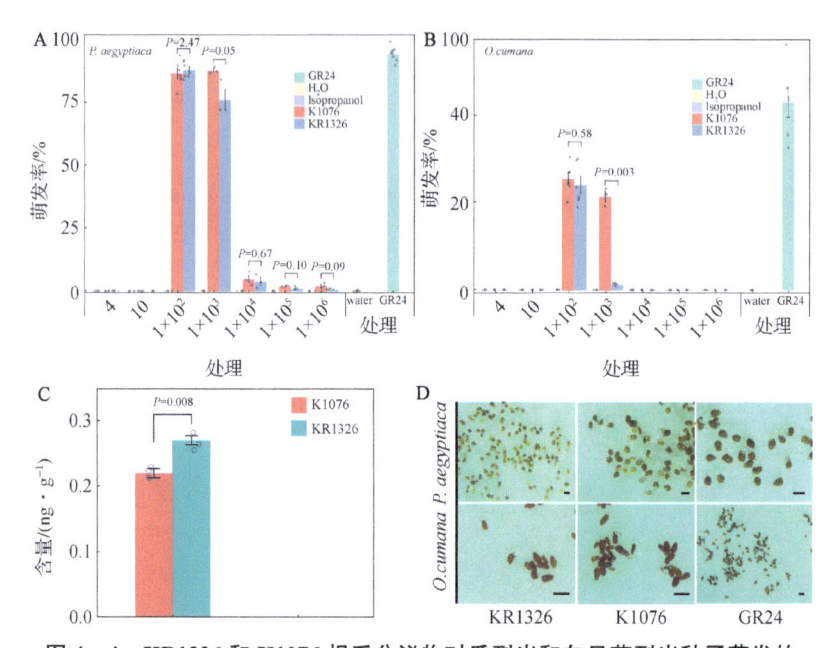

图 4-4　KR1326 和 K1076 根系分泌物对瓜列当和向日葵列当种子萌发的影响及根系中 5-DS 和 Strigol 含量差异分析

注：（A，B）分别为 KR1326 和 K1076 根系分泌物对瓜列当和向日葵列当种子萌发的影响：先用 1 mL 的异丙醇溶解 KR1326 和 K1076 根系分泌物粗提物，再用无菌水分别稀释至 4，10，1×10^2，1×10^3，1×10^4，1×10^5，1×10^6 倍处理瓜列当和向日葵列当种子，同时将异丙醇用无菌水稀释至相同浓度，设置为阴性对照。1×10^{-7} mol/L GR24 处理设置为阳性对照，无菌水处理设置为阴性对照；（C）水培条件下 K1076 根和 KR1326 根（2 g）中 5-DS 和 Strigol（ng·g^{-1}）的含量，图中数据为平均值 ± 标准误差（$n = 3$）；（D）1×10^2 倍根系分泌物粗提物对瓜列当和向日葵列当种子萌发诱导效果。

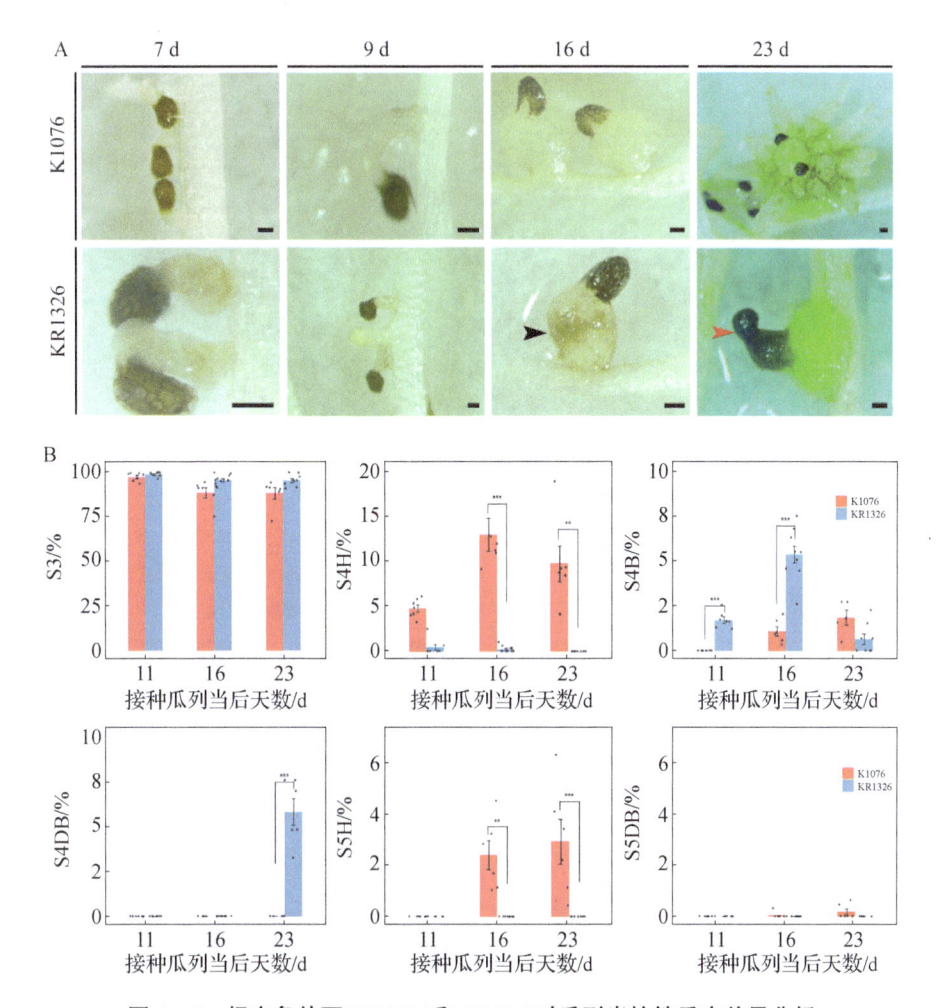

图 4-5 根室条件下 KR1326 和 K1076 对瓜列当抗性反应差异分析

注：(A) 抗 (KR1326) 和感 (K1076) 甜瓜品种在接种瓜列当 7 d, 9 d, 16 d, 23 d 后，列当的发育状态 (列当分别处于 S2, S3, S4, S5 生长阶段)；(B) 在接种 11 d, 16 d 和 23 d 后，列当与 KR1326 和 K1076 互作中，不同发育阶段列当占总寄生的百分比；S3，萌发的列当已穿透寄主根皮层但未与寄主维管束连接；S4H，健康的结节；S4B，结节轻微变色或褐变（黑色箭头）；S4DB，结节严重褐化或坏死（红色箭头）；S5H，健康的"蜘蛛"状列当；S5DB，严重褐化或坏死的"蜘蛛"状列当。

图中数据为平均值±标准误；$*p<0.05$，$**p<0.01$，$***p<0.001$。

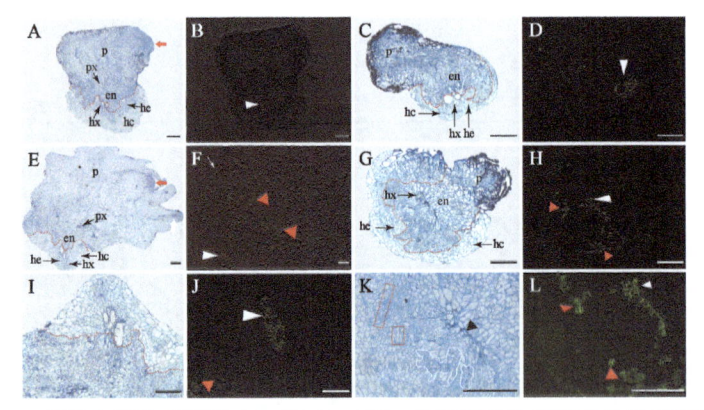

图 4-6　甜瓜在接种瓜列当 16 d 和 23 d 后，抗性互作和感性互作的横切面观察

注：(A, E) 分别为 K1076 接种列当 16 d 和 23 d 的横切面；(I) 为 (E) 中互作位点放大图；(B, F, G) 分别为 (A, E, I) 在荧光显微镜下的观察 (450～490 nm)；(C, G) 分别为 KR1326 接种列当 16 d 和 23 d 的横切面；(K) 为 (G) 中互作位点放大图；(D, H, L) 分别为 (C, G, K) 在荧光显微镜下的观察。p：列当；px：列当木质部；hx：寄主木质部；he：寄主内皮层；hc：寄主皮层；en：列当内生组织。红色箭头表示列当幼茎分生组织；白色箭头表示列当次生根分生组织；白色三角形表示寄主木质部自发荧光；红色三角形表示列当木质部自发荧光；黑色三角形表示寄主细胞壁有次生代谢产物积累；红色边框表示列当木质部；白色边框表示列当的薄壁细胞。

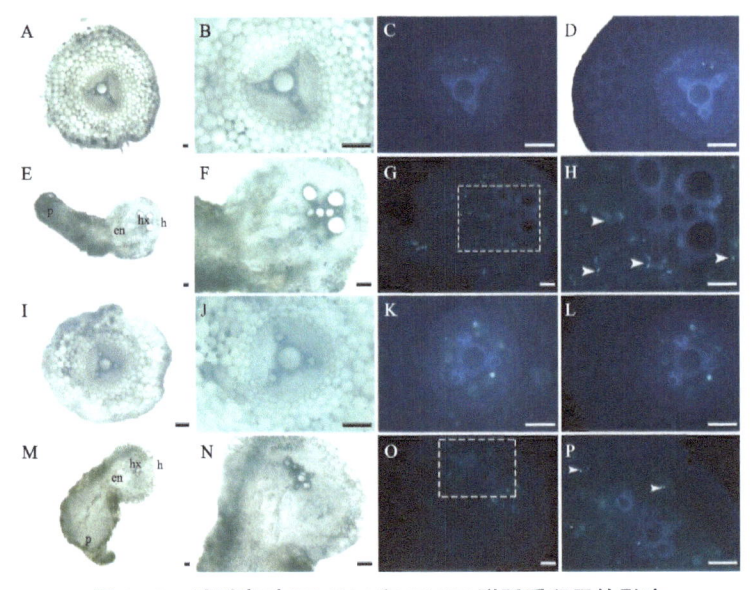

图 4-7　瓜列当对 KR1326 和 K1076 胼胝质积累的影响

注：(A, B, E, F) 分别为在光学显微镜下观察 KR1326 未接种列当 (A, B) 和接种列当 (E, F) 甜瓜根的徒手切片；(C, D, G, H) 为 (A, B, E, F) 在荧光 (340～380 nm) 下的观察；(H) 为 (G) 中白色方框处的放大图；(I, J, M, N) 分别为在光学显微镜下观察 K1076 未接种列当 (I, J) 和接种列当 (M, N) 甜瓜根的徒手切片；(K, L, O, P) 为 (I, J, M, N) 在荧光 (340～380 nm) 下的观察；(P) 为 (O) 中白色方框处的放大图。胼胝质沉积显示为蓝白色荧光（白色箭头）；h：寄主；hx：寄主木质部；p：列当；en：列当内生组织。标尺：100 μm。

二、番茄抗列当育种

番茄是一种全球广泛栽培的重要蔬菜作物，易受瓜列当寄生，其中，栽培品种通常比野生种更易受到列当的寄生。目前，尽管进行了大量的抗性育种工作，但现有番茄品种的遗传变异较小限制了抗列当的培育，从野生种番茄中挖掘抗性资源，并利用不同的诱变方法可筛选出具有更多遗传变异的番茄突变体。不过，列当的免疫或高抗材料仍然相当匮乏。目前已知的一些具有一定抗性的番茄品种仅有 Caligen 86，Cal-jN3，Hyb PS6515，Hyb Petopride5 和 Viva 等。张璐对番茄 118 个品种进行抗瓜列当鉴定后发现，仅 H1015 品种对瓜列当表现出较高抗性（张璐，2024）（见图 4-8）。

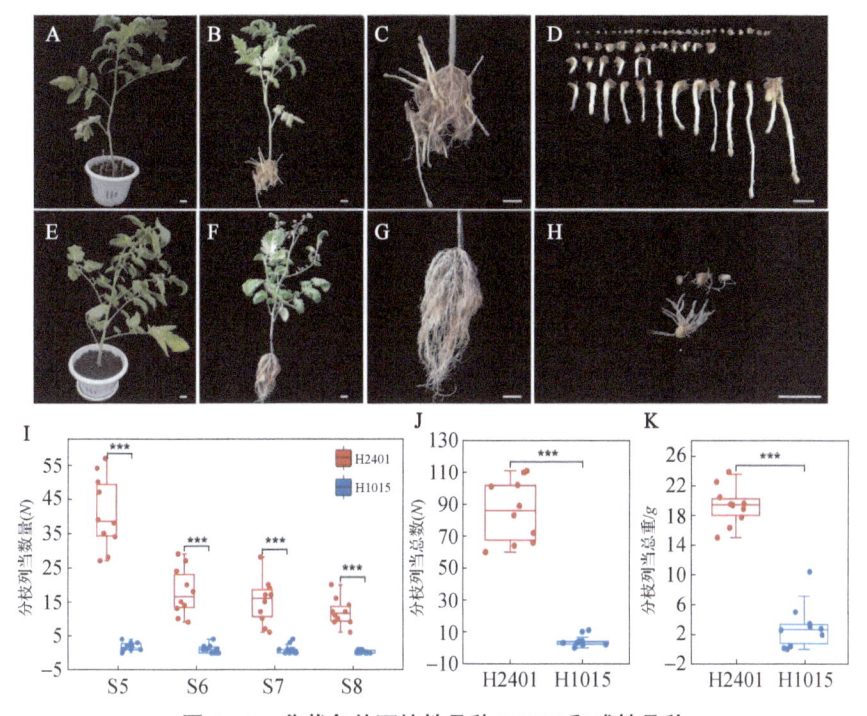

图 4-8　盆栽条件下抗性品种 H1015 和感性品种
H2401 对瓜列当的抗性差异

注：（A~D）70 d 时，瓜列当在感性品种 H2401 的寄生情况；（E~H）70 d 时，瓜列当在抗性品种 H1015 的寄生情况；（I）在 S5，S6，S7 和 S8 阶段，番茄品种 H2401 和 H1015 上的瓜列当寄生数量；（J）番茄品种 H2401 和 H1015 上瓜列当寄生的总数；（K）感性品种 H2401 和抗性品种 H1015 上瓜列当的质量

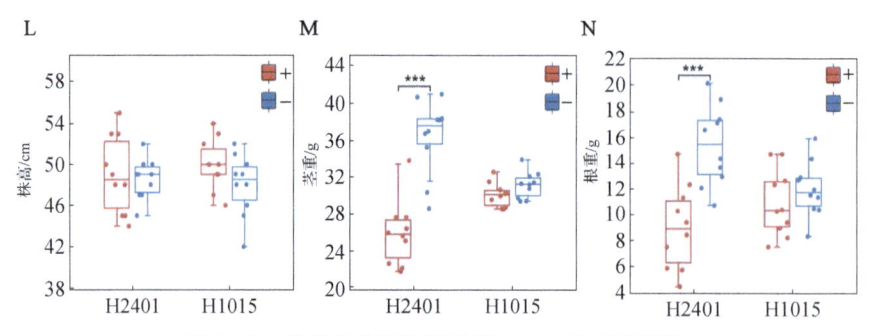

**图 4-8 盆栽条件下抗性品种 H1015 和感性品种
H2401 对瓜列当的抗性差异（续）**

注：(L) 瓜列当对 H2401 和 H1015 株高的影响；(M) 瓜列当对 H2401 和 H1015 茎重的影响；(N) 瓜列当对 H2401 和 H1015 根重的影响。*$P \leq 0.05$，**$P \leq 0.01$，***$P \leq 0.001$；标尺：2 cm。

野生近缘种番茄是培育番茄抗列当品种的主要遗传资源（El-Halmouch et al.，2006）。不同种类的野生种番茄表现出不同程度的抗性，*S. pimpinellifolium* hirsute，*S. pennellii* LA0716，*S. chilense* LA1969，*S. hirsutum* PI247087 等野生种番茄对列当表现出高抗性，其中 *S. pennellii* 不仅能够诱导较低的列当萌发率，还可以导致列当的死亡率达到 91.7%。因此，番茄野生近缘种可能是培育番茄抗列当品种的重要遗传资源。

近年来，诱变和转基因技术已经被广泛应用于创造新的番茄抗列当资源，为抗列当品种培育提供了新的途径。对利用甲基磺酸乙酯（EMS）诱变产生的番茄株系 M2 进行抗性筛选与鉴定，已经发现了一些高抗性的突变体（Kostov et al.，2007）。番茄 *SL-ORT 1* 突变体在不添加独脚金内酯类似物 GR24 的情况下对列当表现出抗性，但其具体抗性机制尚不明确（见图 4-9）。利用 CRISPR/Cas9 技术编辑独脚金内酯生物合成途径相关基因的方法也可培育抗列当番茄品种，但基因编辑独脚金内酯生物合成途径对植株的根系和侧枝结构发育会产生一定的负面影响（Kohlen et al.，2012）。因此，综合利用生物信息学和生物技术可为开发新的、高效的列当防治方法提供技术支撑。

列当生理小种具有快速进化的特点，可在较短时间内克服新开发的抗性。因此，挖掘新的遗传资源和培育抗性品种仍然是一项复杂而具有挑战性的任务，尤其是在大多数作物中抗列当的遗传背景缺失的条件下。

图 4-9　番茄 *SL-ORT 1* 突变体表现出对瓜列当的抗性

三、豆类抗列当育种

在豆类作物中，抗列当的研究进展缓慢，仅发现对 *O. crenata* 的中度和低水平的不完全抗性，且遗传机制较为复杂。不同的豆类作物在抗性品质资源方面存在显著差异，蚕豆对列当的抗性较为普遍，研究人员已利用相应的抗性资源培育出对 *O. crenata* 的抗性品种，如 F402（见图 4-10）（Rubiales et al.，2014）。虽然在豌豆栽培种中没有发现对列当有较好抗性的资源，但在野生豌豆的 *Pisum* 属中，可将抗性野生豌豆与栽培豌豆杂交培育出抗性豌豆品种（Rubiales et al.，2009）。鹰嘴豆及其野生种中抗性很常见，但小扁豆具有中等抗性水平，山黧豆和红山黧豆的抗性极为匮乏（Fernández - Aparicio et al.，2011）。

抗列当的机制存在多样性，而且不同的抗性类型在侵染过程的不同阶段发挥作用也存在差异，各寄主具有各自的避病和抗病机制。一些豆类作物因为早期开花而能够避免列当的侵染（Rubiales et al.，2005；Fernández - Aparicio et al.，2011）。鹰嘴豆、蚕豆、扁豆、豌豆和苜蓿等豆科作物对 *O. crenata* 的抗性与列当种子的诱导发芽量之间存在关联，抗性作物的诱导发芽量较低（Rubiales et al.，2005；Rodríguez - Conde et al.，2004；Pérez - de - Luque et al.，2009；Fernández -

图 4 – 10　蚕豆 F402 品种对 *O. crenata* 的抗性

Aparicio et al.，2008）。

　　列当种子发芽后，寄生植物可通过多种机制克服寄主的抵抗性，例如，通过蛋白质交联、亚基化或胼胝质沉积、皮质沉积等方式加厚细胞壁，以及增加内皮层木质素含量等，从而穿透寄主皮层到达维管束形成吸器，并建立寄生关系（Goldwasser et al.，2001，2013；Pérez – de – Luque et al.，2007）。寄主相对应的物理抗性机制可能与过氧化物酶、β – 1，3 – 葡萄糖酶以及酚类等致病相关的蛋白质表达有关（Lozano – Baena et al.，2007）。

　　列当形成吸器后，寄主存在其他防御机制阻碍列当的寄生。*O. crenata* 在蔬菜、蚕豆、豌豆、鹰嘴豆、扁豆和苜蓿等抗性作物上形成吸器和结节后，结节会褐变并坏死，进一步分析发现，在寄主木质部导管内积累了一些阻止列当从寄主中正常吸收养分和水分的物质，导致列当结节在能量和水分耗尽后死亡（Rubiales et al.，2003）。在 *M. truncatula* – *O. crenata* 系统中，寄主产生对列当有毒的代谢物（酚类物质）并将其输送到列当体内，抑制列当的生长（Pérez – de – Luque et al.，2007）。

　　与 *O. cumana* 相比，*O. crenata* 的小种分化较为明显，而且新的小种不断出现来克服已有抗性品种的抗性（Fernández – Martínez et al.，2008）。目前尚无证据表明 *O. crenata* 存在与小种分化相关的致病性变异现象，因为大多数商业豆类寄主品种几乎没有任何抗性，从而缺乏选择压力。然而，*O. crenata* 种群在遗传上具有一定的多样性,如果广泛种植抗性豆类品种,可能会加速 *O. crenata* 种群的毒性进化(Román et al.,2001)。

四、向日葵抗列当育种

在向日葵育种方面,早在1980年,已经鉴定出5个基因(*Or 1*~*Or 5*),分别对向日葵列当生理小种A、B、C、D、E具有抗性,这些基因已经应用于育种。然而,随着列当生理小种F、G和H的出现,这些抗性逐渐失效。此外,对于列当生理小种F,不同抗性品种展现出不同的遗传机制,包括单显性基因 *Or 6*(Pérez-Vich et al.,2002)、两个隐性基因和两个部分显性基因。21世纪初以来,随着 *Or 7* 基因的引入,已培育出一些完全抗向日葵列当生理小种F的向日葵杂交商品种。

由于小种特异抗性的单基因容易被快速进化的列当生理小种所克服,因此许多研究人员开始寻找数量性状位点(QTLs)。Pérez-Vich et al. 对17个向日葵连锁群进行抗性研究,发现抗列当生理小种E受5个QTLs控制,抗列当生理小种F受6个QTLs控制。其中,*Or 3.1* 是控制抗列当生理小种E的主效QTLs,贡献率达59.0%,而抗列当生理小种F的QTLs贡献率为15.0%~38.7%,主要受每株寄主的列当数量的影响。此外,*Or 3.1* 是特异抗性,而 *Or 1.1*,*Or 13.1*,*Or 3.2* 则是非特异抗性(Pérez-Vich et al.,2004)。此外,抗性QTLs还会影响列当的生长和发育,Louarn等研究发现寄主抗性QTLs显著影响生理小种F早期附着期、结节期和列当出土期的发育(Louarn et al.,2016)。

在抗向日葵列当的研究中表明,当具有良好的抗性来源、高效的筛选方法以及可控的选择压力时,抗病性育种工作可以取得显著的进展,例如,塞尔维亚研究人员培育出针对向日葵列当生理小种E的抗性材料(见图4-11)(Hladni et al.,2012);新疆农业科学院经济作物研究所繁育的抗性材料HZ2399对向日葵列当生理小种F有显著抗性(见图4-12)。

图 4-11　抗向日葵列当生理小种 E 的向日葵材料

图 4-12　向日葵列当生理小种 F 抗性材料 HZ2399 和 SQ25
的田间寄生情况

注：左为 HZ2399，右为 SQ25。

五、生物技术抗列当育种

肉毒素是一种由肉蝇产生的抗菌多肽，它可以破坏微生物膜的结构。研究人员在 1989 年利用列当诱导的选择性麻蝇毒素 *IA* 多肽表达来增强寄主对列当的抵抗力。早期研究表明，酵母过表达体系生产的麻蝇毒素 IA 多肽可以抑制瓜列当种子的萌发和生长。后来的研究发现，在番茄植物中使用根特异性的 Tob 启动子来表达肉毒杆菌毒素 IA 基因，可产生肉毒素并增强对瓜列当的抗性（Radi et al.，2006）。麻蝇毒素 IA 多肽将基因置于寄生诱导型 HMG2 启动子控制下，在烟草根部表达后，含有该基因的转基因烟草植株对列当的抗性显著增强。由于只涉及一个外源基因的转入，这种方法更容易且更有效地应用于抗列当育种工作中。

基因沉默是过去 20 年中最重要、最引人瞩目的生物学发现之一。其特点是基因沉默复合物在细胞之间传递，并在整个生物体内远程传递。研究表明，甘露糖 6 - 磷酸还原酶是列当甘露醇生物合成过程中的关键酶，将该基因的双链 RNA（dsRNA）转化寄生于番茄根部的瓜列当结节中，瓜列当结节中 M 6 PR 基因表达受到显著抑制，导致结节内甘露醇含量明显降低，进而抑制列当的生长和发育（Aly et al.，2009）。基因沉默针对列当重要代谢活动的基因，可增加寄主抗性水平，且此方法成本低廉，对环境更加安全。因此，利用基因沉默来防治列当可能是一种具有潜力的方法。

六、分子标记与抗列当育种

在豆类作物抗列当育种方面，研究人员已在不同的蚕豆群体中鉴定了一些与 O. crenata 抗性相关的 QTLs（Oc 1 ~ Oc 13）。然而，这些 QTLs 在不同环境中表现不稳定，因此在分子标记辅助选育方面的应用价值有限。尽管如此，Gutiérrez et al. 发现 Oc 7 可能是一个候选的分子标记辅助选择（MAS）位点，因其位于染色体 VI 上的一个狭窄基因组区域，并且在不同季节中都能稳定检测到，Oc 7 贡献率为 27.1% ~ 34.0%（Gutiérrez et al.，2013）。此外，在豌豆中也鉴定到一些抗 O. crenata 的 QTLs，这些 QTLs 主要抑制列当种子的萌发、结节形成以及列当发育（Fondevilla et al.，2010）。然而，这些 QTLs 只能解释观察到的变异的一小部分，仅占总变异的 21%。研究发现，一些抗列当 QTLs 随外界环境调控（Díaz - Ruiz et al.，2010；Díaz - Ruiz et al.，2010），这表明其并不是稳定的 QTLs。因此，准确的表型评估对于 QTLs 定位非常重要。

目前，对于这些抗列当基因或 QTLs 的具体分子调控机制尚不完全清楚，需要进一步对含有 QTLs 的基因组区域进行精细分析，并开发与抗列当相关的育种分子标记。与控制列当抗性的基因相关的分子标记可以用于育种计划，以开发抗列当的作物。开发多基因抗性标记辅助选择育种（MAS）技术是一种前景广阔的方法，但是因为传统的寄生性杂草抗性测试通常需要在田间进行，这一过程既困难又昂贵，有时甚至不够可靠。目前，虽然在豌豆和蚕豆中已经确认了一些与列当抗性相关的 QTLs，但它们尚不能直接用于 MAS。在使用这些 QTLs 之前，需要对包含这些 QTLs 的基因组区域进行更深入的研究，以明确 QTLs 的位置，并确定与抗性密切相关的分子标记。这一工作对于开发用于 MAS 的分子标记至关重要，因为它们可以用于筛选特定基因或 QTLs，而不会发生重组。Oc 7 被认为是一个有前途的 MAS 候选标记，因为它位于染色体 VI 上的一个狭窄基因组区域，这解释了该特征变异的很大一部分，并且在三个季节内都能够稳定检测到（Gutiérrez et al.，2013）。

综上所述，虽然在豌豆和蚕豆中已经确定了一些列当抗性相关的 QTLs，但在将它们应用于 MAS 之前，还需要进行更多的研究和分析，以提高它们的准确性和可靠性。这些努力有望为抗列当育种工作提供更强大的工具，从而减轻列当的威胁。

七、寄主抗列当机制

列当的侵染过程通常可以划分为三个关键阶段：列当种子萌发、列当与寄主根部建立联系，以及列当的生长和发育阶段。在每个阶段，寄主都会展现出不同的抗性反应，这些反应可能是相互独立的，也可能是相互协调的。在列当种子萌发阶段，寄主可能会展开一系列的诱导防御机制，以抵御列当的入侵。这些防御机制可能包括激活特定的基因或生化途径，以抑制列当种子的发育或干扰其正常的生长。当列当与寄主根部建立联系时，寄主可能通过改变根部的生化特性，以减少列当的侵染或降低其对寄主的损害。在列当的生长和发育阶段，寄主可能继续通过改变根部结构或生化特性表现出抗性，限制列当的生长和繁殖。

（一）列当种子萌发阶段的抗性

独脚金内酯是一种最初从植物根部分泌物中分离出的化合物，它在类胡萝卜素代谢途径中产生，在诱导列当种子萌发过程中具有重要作用。抑制类胡萝卜素双加氧酶 CCD7 转录或表达 *SlCCD 7* 反义结构的番茄植株，均表现出对列当种子的萌发诱导率显著下降。通过人工诱变和基因编辑技术，培育一些可以分泌少量或不分泌刺激列当萌发的独脚金内酯类化合物的寄主，可显著性降低列当种子萌发和活性。此外，一些植物根部可分泌一些抑制列当种子萌发的物质，番茄中的抑制独脚金内酯分泌或抑制列当种子萌发物质的存在，增强了番茄对列当抗性。此外，在列当附着前期，一些寄主通过醌类、酚类、类黄酮和花青素等吸器诱导因子的表达调控吸器的生物合成，从而降低列当的寄生强度。

（二）寄生阶段的抗性

在寄生植物侵染寄主的过程中，受侵染的寄主通过产生防御反应抵制寄生植物的入侵或生长。蚕豆、豌豆、鹰嘴豆和向日葵等一些耐列当的寄主展现出一些抗性机制，常表现为在附着点周围的组织变暗甚至坏死，或在列当寄生阶段，寄主在根部的根皮层、内皮层以及根的中心柱内形成一些特殊结构或产生一些阻止寄生植物入侵寄主根部的活性物质。抗性向日葵和豆科植物在列当入侵部位的细胞壁会发生木质化、栓化和胼胝质沉积，增厚根部细胞壁，进而阻止向日葵列当和锯齿列当的进一步危害。此外，番茄与瓜列当的相互作用会激活与细胞壁相关的蛋白激酶的表达，从而触发防御反应。

此外，植物抗毒素的积累、高活性过氧化物酶的参与、病程相关蛋白的诱导、活性氧物质的产生和积累也是植物对生物和非生物胁迫的典型反应，这些反应也参与了寄主对寄生植物的防御反应。这些机制共同作用，可帮助植物在面对列当入侵时保持健康和抵抗力。

（三）其他植物防御激素

植物激素是一类在低浓度下参与调控植物生长、发育和应对逆境胁迫的重要信号分子。它们在植物生长发育方面扮演不同的角色。研究表明，植物防御激素在作物抗列当的防御反应中扮演着关键角色。在互作过程中，寄生植物会通过物理、机械和化学方式攻击寄主，而寄主则通过激活植物激素信号通路（如 JA，SA，ABA 和 ET 等）来防御列当寄生，这些防御机制的性质和强度会因寄主和寄生植物的不同而存在差异。在拟南芥中，*O. ramosa* 的入侵会激活 JA 和 ET 信号通路，而 SA 信号通路并不被触发。相比之下，向日葵列当侵染向日葵时，寄主 SA 信号通路的相关基因表达会上调，表明 SA 途径在向日葵对列当的抵抗中起到了关键作用。此外，使用 SA 的结构类似物苯丙噻二唑类诱导剂可以触发系统获得性抗性（SAR），从而减少向日葵列当对向日葵的寄生。在烟草中，茉莉酸甲酯和丁二醇也可激活 JA 信号通路，降低列当的寄生。

此外，在面对逆境胁迫时，SA 和 JA 在植物体内通过相互拮抗的方式来诱导防御反应，以对抗不同的病原体。因此，植物激素在植物与列当互作中发挥着关键的调控作用，可帮助植物维持健康并抵御外部威胁。

第四节　化学防治

除草剂是一种常见且有效地控制列当的方法。在 20 世纪 70 年代，研究人员开始探索使用化学方法来防治列当，然而，当时的技术有限，除草剂的效果并不明显。随着科学技术飞速发展，一些新的化学药剂不断被研发和应用于寄生植物的防治。

一、化感作用在列当防治中的作用

化感作用是一种生物学现象，它涉及植物或微生物（如细菌和真菌）产生的次生代谢产物，这些化合物可对农业和生态系统产生影响。植物或微生物产生的一些化感类次生代谢产物可抑制或促进列当种子的萌发或幼苗的生长。禾本科、豆科、菊科和茄科等植物通过产生化感物质——独脚金内酯类化合物，刺激列当和独脚金等寄生植物的种子萌发。这些化合物还包括独脚金醇、独脚金醇的乙酸盐、高粱内酯、列当醇、列当醇的乙酸盐、5-脱氧独脚金醇、2′-环氧列当醇等。因此利用诱导列当种子萌发的化感物质的抑制剂可以有效抑制列当的萌发。使用类胡萝卜素合成途径抑制剂氟啶草酮，可有效减少独脚金内酯的产生，从而减少列当的寄生。此外，乙烯、真菌代谢物、真菌植物毒素、天然氨基酸，或者植物和藻类提取物等天然化感物质可抑制或促进列当种子的萌发或生长，因此，通过促进和抑制这些化感物质的形成和分泌，在一定程度上也能达到防治列当的效果。

虽然化感作用可以用于控制寄生植物，但是多数化感物质在土壤中不稳定，因此，需要寻找更加稳定的方法利用化感作用进行病害防治。这一领域的研究对于改善农业和生态系统管理具有重要意义。

二、土壤熏蒸

在种植番茄之前,使用甲基溴对土壤进行熏蒸,可以在一定程度上防治 O. ramosa。此外,甲胺钠、达唑米特和 1,3 - 二氯丙烯的应用,也可以减少列当的危害(Goldwasser et al.,2013)。在室内,使用 111 mg/L 的甲胺钠可以完全抑制瓜列当的出土;在田间条件下,使用 205 kg/hm² 的甲胺钠可以显著降低瓜列当的出土率。虽然甲胺钠在防治列当方面效果显著,但其成本较高,且需要严格的施药技术,因此,该药剂主要用于受到列当严重侵害的温室中。

尽管使用土壤熏蒸剂在一定程度上能够降低列当的危害,但目前所有的土壤熏蒸剂成本较高,且环境危害较大。因此,在使用这些方法时,需要谨慎考虑其成本和环境风险,并探索更环保的替代方法。

三、施用除草剂

尽管市面上用于防治杂草的除草剂较多,但它们在防治寄生性杂草方面通常缺乏选择性,不过,由于其易用性和具有较高的经济效益,除草剂仍然备受欢迎(Gressel,2009)。最早用于防治列当的除草剂含有草甘膦成分,草甘膦虽然可以抑制列当,但同时也会对农作物造成不可逆的损害,显著降低寄主作物的产量。与草甘膦有相似作用的还有咪唑啉酮类除草剂(Sauerborn et al.,2002),该药剂可通过种子处理来有效控制蚕豆和扁豆中的 O. crenata(Jurado - Expósito et al.,1997)。咪唑啉酮类除草剂可以通过植物的根和叶被有效吸收,然后迅速转移到列当上,与草甘膦相比,它们只需要较小的剂量就能产生良好的抑制效果。

低浓度的氟乐灵对向日葵列当的萌发有一定的抑制效果,同时对列当的成熟期也产生抑制作用。微量氯磺隆进行包衣处理,也能明显抑制列当的生长(Punia,2015)。醚苯磺隆不仅对列当的抑制效果较高,还可促进作物的产量(Goldwasser et al.,2001)。磺酰脲类除草剂可通过抑制列当的萌发和附着来实现列当的防除,但其可能会对寄主造成潜在的损伤(Hershenhorn et al.,1998)。将二甲戊灵和扑草净两种药剂按一定比例混合对列当具有明显的抑制效果(何伟等,2017)。单剂精喹禾灵和烯禾啶也被认为具有防治列当的潜力。

虽然化学除草剂在防治列当方面表现出色,但也存在一些问题,如作物选择性差、持效期短、污染土壤和抗药性风险。尽管一些化学方法可以在短期内减轻农业经济损失，但对寄主本身可能会带来潜在影响。因此，化学防治不能作为解决列当问题的可持续方案，需要不断寻找新的方法，以在有效抑制列当的同时促进农业经济的可持续发展。此外，在使用除草剂时，还需要综合考虑多种因素，包括作物类型、地区气候条件、土壤类型以及对环境的影响，进而制定最佳的列当防治策略。

四、种植抗除草剂作物

植物抗除草剂的能力主要通过抗代谢性和靶点抗性实现。寄主对除草剂具有抗性，为防治寄生性杂草提供了一种潜在的解决方案。在抗代谢性方面，抗除草剂植物主要通过增强酶活性降解除草剂。相比之下，靶点抗性则通过修改除草剂作用的目标酶，防止除草剂与其结合，但不会改变酶的功能（Joel et al.，1995）。通常情况下，这种抗性是由酶的保守区域内的单个氨基酸变化引起的，这个区域包括了除草剂结合所必需的关键位点（Hattori et al.，1992）。引入乙酰乳酸合酶、磷酸酯合成酶和二氢蝶呤合成酶等除草剂作用目标的突变体，可以培育出对应的抗性作物，这些作物能够有效地防治寄生性杂草，如独脚金或列当（Gressel，2009）。

通过修改油菜 EPSPS 的 *aroA* 基因，可培育出对草甘膦有抗性的油菜品种。这种抗性使草甘膦能够完全抑制寄生在转基因油菜上的列当的发育，而不对油菜的产量造成显著影响（Joel et al.，1995）。类似地，对除草剂灭草烟有抗性的转基因胡萝卜可以防止除草剂从胡萝卜体内移动至列当体内，从而实现对瓜列当的有效防治（Aviv et al.，2002）。对绿磺隆有抗性的烟草作物可通过在叶片上施用除草剂来杀死寄生在其根部的 *O. ramosa*，从而实现了列当的防治（Slavov et al.，2005）。此外，一些耐除草剂的作物突变体可通过自然或诱变处理获得。这些作物具有与抗除草剂相关的基因和酶，因此可通过传统的诱变育种方法来培育，而无须进行转基因操作。例如，巴斯夫公司培育的小扁豆品种"Clearfield® 小扁豆"，这个品种不含转基因成分，但可以耐受更高剂量的咪唑啉酮类除草剂（Rubiales et al.，2009）。

虽然这些方法在防治寄生性杂草方面表现出潜力，但它们仍然存在一些限制，包括开发成本高、政策风险以及可能引发的经济风险等问题（Duke et al.，2005）。此外，这些方法通常需要较长的时间来开发和推广，因此，需要在农业实践中谨慎考虑它们的应用。综上所述，种植耐除草剂作物的方法为防治寄生性杂草提供了一种有前景的途径，但在应用中需要综合考虑各种因素，并根据具体情况选择合适的策略。

五、诱导寄主产生系统获得抗性

已有研究表明，一些化学药剂能够诱导寄主的系统抗性抑制列当的危害。这种除草剂可诱导寄主的根茎中积累几丁质酶等蛋白质，从而增强植物的自我保护能力，这种措施不仅能够抑制列当，还可预防病毒和有害微生物等对植物的危害（Sauerborn et al.，2002）。

植物诱抗剂苯并噻二唑通过激活寄主根部的防御反应和内皮的木质化反应抑制列当的生长，显著减少了列当对蚕豆和豌豆的侵染。水杨酸也可在一定程度上抑制寄生在红三叶草上的列当（Kusumoto et al.，2007）。植物诱抗剂 BTH 通过激活向日葵根部的防御机制，降低列当侵染（Buschmann et al.，2005）。此外，在豌豆上，一些菜豆根瘤菌（*Rhizobium leguminosarum*）的菌株可以诱导豌豆产生系统获得性抗性，抑制列当寄生（Mabrouk et al.，2007）。

这些研究结果为利用化学药剂来诱导植物系统性抗性，从而抵御列当侵染，提供了有益的线索。尽管如此，这些方法仍需要进一步研究和实践来确定其在实际应用中的可行性。

六、其他化学防治措施

除上述化学防治方法，还可通过以下化学制剂或新的策略防治列当的危害。

（1）甲基溴化物、二溴化乙烯、甲胺钠或福尔马林等化学物质对列当的控制效果较好，但成本较高，农民接受度较低。

（2）使用缓释剂可以延长除草剂的持效期（Habimana et al.，2013）。可开发可生物降解的配方，以少量除草剂进行种子处理来防治列当。

（3）利用类胡萝卜素生物合成抑制剂，如氟啶草酮和达草灭，可促进小列当种子的预培养和发芽，使其进行自杀性萌发（Yao et al.，2016）。

（4）一些天然氨基酸，如甲硫氨酸，在适当的浓度下可以几乎完全抑制列当种子的萌发，这为列当的防治提供了新的思路（Habimana et al.，2013）。

（5）建立列当的物候模型可以帮助预测对除草剂敏感的列当发育阶段。列当种子在整个作物生长季节内都会萌发并建立新的寄生关系，了解寄生性杂草的物候对于有效控制列当至关重要。

（6）利用遥感技术可以精确检测受列当侵染的区域，从而实现精准防控。

（7）纳米颗粒农药可用于靶向传递到植物的特定部位，从而提高农药的效果。开发纳米胶囊以控制释放和系统施用除草剂可以增加对寄生性杂草的防治可能性，同时减少对寄主的影响（Pérez – de – Luque et al.，2009）。

这些方法为列当的防治提供了多样化的途径，但它们仍需要进一步的研究和实验来确定其在不同条件下的有效性和可行性。

第五节　物理防治

利用耕作、除草和暴晒等物理措施在一定程度上也能减少列当种子库，进而降低列当对寄主作物危害。将物理防治方法与其他杂草管理策略综合使用，可实现更有效的列当防控。

一、人工拔除

在向日葵列当出土后、开花结籽前，可将整株列当从根部拔起或者铲除 2 ~ 3 次，并将被拔除的植株销毁。该措施优点在于它可以有效地避免列当继续生产种子并在向日葵开花前扩散，有助于减少列当在向日葵田地内的种子库。在种植芥菜等作物时，于播种后 30 ~ 40 d 进行人工拔除，既可控制列当的生长，又可减少列当种子在土壤中的积累（Shekhawat et al.，2012）。然而，列当产种量大，在其危害区域通常具有庞大的种子库，进行人工拔除后，地下列当的种子将继续危害寄主的生长。列当可以形成吸器与寄主根部牢固连接，形成结节，因此在拔除列当的过程中可能会损伤向日葵的根部组织，还会增加土壤中病原菌侵染的风险，从而影响向日葵的正常生长。此外，人工拔除需要大量的人力和物力，而且无法将列当完全根除，因此人工拔除通常被视为列当防治方案的辅助措施。

二、深耕

免耕田的列当种子留在土壤表面，增加了传播的风险。而深耕能够减少列当种子的发芽刺激，但会导致种子库的积累。这是因为列当的种子在土壤中可以休眠 10 年以上，即使在较深的土层中也可以保持其种子的活力。此外，深层土壤会保护种子免受深层氧气含量较低、老化、诱捕和诱发休眠的影响，这会导致种子的活力水平提高。因此，为了防止埋藏的列当种子重新引入到寄主根系的生长区域，需在进行深层耕作之前先进行浅层耕作。仅进行浅层耕作有利于列当种子的传播，因此，在进行深层耕作后，应采取防治措施阻止列当种子库的扩大（Goldwasser et al., 2013）。

三、暴晒

利用日光暴晒可在一定程度上消除列当种子库和其他土传病害。在土壤表面于灌溉前覆盖一层透明的聚乙烯薄膜（地膜），在阳光照射下土壤温度会升高 5~15 ℃，最高温度可能会超过 50 ℃，长期持续该温度可以显著减少列当的茎、吸器或地下结节数量，对列当防效可高达 100%（Ashrafi et al., 2009）。这可能是昼夜温度的极端变化和温度波动导致了列当种子的死亡和休眠。在中东地区，这种土壤日光暴晒方法已成功用于番茄、茄子、蚕豆、扁豆和胡萝卜等作物的列当防治（Jacobsohn et al., 1980）。此外，结合粪肥还可以增强日光暴晒对列当种子的杀伤效果。

这种方法经济、简单，并且对环境无害，特别适合有机农业。尽管这种方式的防治效率高，但让农民在夏季放弃种植经济作物，采用这种方式来防治列当的实操性低。

第六节　生物防治

生物防治不仅可以减轻列当对农业经济的损害，而且对环境友好。列当与一般的杂草不同，它对寄主的损害大多发生在出土前，因此，在列当早期萌发阶段采取措施来消除列当种子库至关重要。许多生物，包括微生物和动物，都可以从源头上抑制列当的萌发。近年来，研究人员已鉴定到许多可以抑制列当的微生物，这些微生物通过直接抑制列当的萌发或诱导列当发生"自杀性萌发"防治列当，极大地减少了列当种子库的数量（马永清等，2012）。

一、列当致病菌

列当致病菌在对列当造成一定程度的损害后，可有效地消灭列当的种子库。尖孢镰刀菌（*Fusarium oxysporum* f. sp. *orthoceras*）通过阻止列当芽管的伸长来减少列当在向日葵根部的寄生（Thomas et al.，1998）。此外，弯角镰刀菌（*F. camptoceras*）和厚垣镰刀菌（*F. chlamydosporum*）也可显著降低列当的发芽率和生物量，其防治效果达到了50%左右（Boari et al.，2004）。轮状镰刀菌（*F. verticillioides*）对番茄列当有很好的抑制效果。进一步研究发现，通过组合使用两种或两种以上的病原真菌，可以提高生物防治的效率，单独使用 *F. oxysporum* f. sp. *orthoceras* 和 *F. solani* 来防治向日葵上的列当效果不如混合使用效果好（Dor et al.，2009）。另外，将植物诱抗剂与 *F. oxysporum* f. sp. *orthoceras* 混合使用也优于单独使用（Müller – Stöver et al.，2005）。

除了镰刀菌，还有其他一些真菌对列当也有较好的防治效果。洋葱曲霉（*Aspergillus alliaceus*）可以抑制列当的生长和寄生（Aybeke et al.，2014）。葡萄孢属的葡串细基格孢（*Ulocladium botrytiss*）可使列当在体外的发芽率降低80%，并且使用这种真菌可导致大部分列当坏死，阻止了列当在植物根部的寄生（Müller stöver et al.，2005）。此外，疣孢漆斑菌（*Myrothecium verrucaria*）分泌的 Verrucarin A 可抑制 *O. crenata* 的发芽，并且通过在土壤中添加其孢子可以防止 *O. crenata* 对蚕豆的寄生（El – Kassas et al.，2005）。疣孢漆斑菌 *Myrothecium verrucaria* 和镰刀菌属（*F. compactum*）的次生代谢产物能够显著抑制 *O. ramosa* 种子的发芽（Andolfi et al.，2005）。

尽管已发现多种具有潜力的生物防治真菌，但这些真菌通常具有较大的毒性，可能会对寄主造成一定的损害。此外，温度和湿度条件也会影响生物防治真菌的有效性（Habimana et al.，2013）。因此，尽管这些真菌防治列当的方法具有潜力，但仍需要进一步的研究和改进。

二、寄主根际共生菌

除了可以直接致病的微生物，根瘤菌和丛枝菌根也具有潜在防治列当的能力。一些豆科根瘤菌能够产生酚类物质，打破列当的生长周期，释放植物激素以诱导列当发芽，并引发列当种子的褐变反应，从而减少列当对豌豆的危害（Mabrouk et al.，2007）。巴西固氮螺菌（*Azospirillum brasilense*）作为一种具有固氮能力的根际促生长细菌，除具有促进草类和谷物的生长功能外，还可利用其产生的一种低分子量可溶性物质抑制瓜列当种子的发芽和芽管的伸长。

丛枝菌根真菌（AMF）是一类广泛分布于土壤中的微生物，它们可以与植物根部建立共生关系。AMF 寄生于高粱根系时，其分泌物能够显著抑制列当的发芽，这可能是因为共生关系促使高粱根系释放出一些信号分子，从而抑制了列当的发芽和寄生（Lendzemo et al.，2009）。将 AMF 接种到豌豆和番茄的根际土壤中也可以减少列当的寄生（Fernández - Aparicio et al.，2010；López - Ráez et al.，2015）。这可能是因为 AMF 能够减少寄主根系中独脚金内酯的分泌量，从而抑制列当种子的发芽。因此，利用 AMF 来防治列当是一种有前景的方法。

三、其他微生物

已有研究发现，一些放线菌具有防治列当的潜力。淡紫褐链霉菌（*Streptomyces enissocaesilis* Sveshnikova）和密旋链霉菌（*S. pactum* Bhuyan B. K）可抑制瓜列当和向日葵列当的发芽和寄生。此外，拮抗微生物链霉菌（*S. enissocaesilis*）对向日葵列当的防治效果较好（Chen et al.，2016）。这些放线菌不仅可以消除列当的种子库，还能够抵御其他病原微生物的侵染。

除了放线菌，铜绿假单胞菌、荧光假单胞菌、萎缩杆菌和枯草芽孢杆菌也可抑制瓜列当的寄生和发芽。其中，铜绿假单胞菌和枯草芽孢杆菌还可通过抑制列当的芽管伸长来抑制弯管列当的发育（Barghouthi et al.，2010）。这些微生物相对于真菌在应用前景上具有更大的潜力，因为真菌中大部分是土壤病原体，可能会对寄生植物产生一定的危害，而这些微生物可以避免这种情况的发生。

四、昆虫

利用寡食性和单食性昆虫也可防治寄生性杂草列当的危害。植食性昆虫通过取食可降低列当种子的生长和繁殖能力。虽然这些昆虫可以抑制列当的生长，但有关根部寄生杂草的昆虫多数是多食性的，它们没有特定的寄主偏好，对这些寄生性杂草的防治能力有限，并不能完全消除列当的种子库，因此该方法在列当防治方面具有一定的局限性，尽管如此，利用列当潜叶蝇（*Phytomyza orobanchia* Kalt.）的幼虫进行生物控制有助于减缓列当传播和侵害，其可作为列当综合控制方法的辅助措施（Klein et al.，2002）。

尽管在利用生防菌和昆虫进行防治列当方面已经取得一定成效，但这些方法基本上仍然停留在实验室阶段。在大多数情况下，生物防治方法未能达到农民期望的列当控制水平，因此需要进一步的研究和实践来提高这些方法的效力和可行性。

目前没有一种方法能单独使用且能完全、长远、有效地控制列当，列当造成的严重损失，已迫使许多地区的农民直接撂荒或改种其他不受列当危害但经济效益不高的作物，因此应使用多种方法相结合，综合治理才能更有效地防治列当。防治列当的重点在于如何利用上述方法减少种子库，阻止列当快速繁殖，避免列当从疫区扩散，并使成本降低到农民可以接受的程度，而另外一条前景较为广阔的途径是培育抗列当的各类农作物品种，但目前相关研究进展非常缓慢。

参 考 文 献

[1] 白金瑞．番茄抗寄生性杂草列当的遗传与调控机制[D]．北京：中国农业科学院，2020．

[2] 白全江，云晓鹏，高占明，等．内蒙古向日葵列当发生危害及其防治技术措施[J]．北方农业学报，2013（1）：75-76．

[3] 柴阿丽，迟庆勇，何伟，等．寄生性杂草分枝列当对新疆加工番茄为害严重[J]．中国蔬菜，2013（9）：20-22．

[4] 曹小蕾，孙畅，赵秋月，等．野生和栽培甜瓜对瓜列当抗性鉴定及评价[J]．西北农业学报，2020，29（11）：1758-1766．

[5] 陈德鑫，孔凡玉，许家来，等．烟草上列当的发生与防治措施研究进展[J]．植物检疫，2012（6）：49-53．

[6] 崔乃然．新疆植物志[M]．乌鲁木齐：新疆科技卫生出版社，1993：429-438．

[7] 陈连芳，支金虎，马永清，等．加工番茄不同播期对瓜列当寄生及其产量的影响[J]．北方园艺，2017（18）：62-65．

[8] 陈明，薛丽静．向日葵列当的发生规律及防治措施[J]．现代农业科技，2009（8）：85+88．

[9] 陈秀芳．定边县向日葵列当发生原因及综合防治措施[J]．现代农业科技，2010（15）：215-217．

[10] 陈虞超，巩檑，张丽，等．新型植物激素独脚金内酯的研究进展[J]．中国农学通报，2015，31（24）：157-162．

[11] 高燕平，高有才，梁亚芳．向日葵列当在吕梁的发生危害及综合防治措施[J]．植物检疫，2018，32（3）：81-83．

[12] 关洪江．黑龙江省向日葵列当发生与危害初报[J]．作物杂志，2007（4）：86-87．

[13] 郭书巧，杨秋萍，陈育如，等．甜叶菊生产中新发生的一种有害植物：列当[J]．特种经济动植物，2019（4）：39-41．

[14] 韩晓东，史万华．新疆烟草列当调研初报[J]．中国烟草，1986（4）：5-6．

[15] 何伟,杨华,许建军,等. 二甲戊灵、扑草净对加工用番茄和列当种子萌芽抑制作用研究[J]. 新疆农业科学, 2017, 54 (2): 320 - 326.

[16] 胡建芳,马红红. 隰县向日葵列当发生成因及其防治技术初探[J]. 运城学院学报, 2004, 22 (5): 32 - 33.

[17] 黄建中,李扬汉. 检疫性寄生杂草列当及其防除与检疫[J]. 杂草科学, 1994 (4): 7 - 9.

[18] 孔令晓,王连生,赵聚莹,等. 烟草及向日葵上列当 *Orobanche cumana* 的发生及其生物防治[J]. 植物病理学报, 2006, 36 (5): 466 - 469.

[19] 冷廷瑞,乔亚民,薛丽静,等. 浅谈吉林省向日葵列当发生趋势及防治对策[C]. "振兴吉林老工业基地:科技工作者的历史责任"吉林省第三届科学技术学术年会论文集(上册),2004.

[20] 刘波,赵军,李玮,等. 新疆甜叶菊地块中瓜列当生长特性及影响2种列当种子发芽的因素研究[J]. 西北林学院学报, 2021, 36 (3): 128 - 133.

[21] 柳慧卿,刘志达,王娜,等. 室内条件下向日葵列当和弯管列当在三种不同寄主上寄生能力的比较[J]. 植物保护, 2021, 47 (2): 78 - 82.

[22] 马琴玉,楼凤昌,李翱. 甜叶菊的研究进展[J]. 国外医学(药学分册), 1992 (1): 5 - 9.

[23] 马晓峰. 烟草寄生性种子植物列当的发生与防治措施[J]. 植物医生, 2018, 31 (3): 62 - 64.

[24] 马永清,董淑琦,任祥祥,等. 列当杂草及其防除措施展望[J]. 中国生物防治学报, 2012, 28 (1): 133 - 138.

[25] 彭金凤,姚兆群,包亚洲,等. 新疆不同甜瓜品种对埃及列当的抗性鉴定[J]. 新疆农业科学, 2018, 55 (1): 95 - 104.

[26] 石必显. 向日葵列当生理小种鉴定、遗传多样性研究及向日葵资源抗列当水平的评价[D]. 呼和浩特:内蒙古农业大学, 2017.

[27] 宋文坚,曹栋栋,金宗来,等. 我国主要根寄生杂草列当的寄主、危害及防治对策[J]. 植物检疫, 2005, 19 (4): 230 - 232.

[28] 苏光耀. 吉林省白城地区烟草列当的鉴定及其防治技术研究[D]. 长春:吉林农业大学, 2020.

[29] 唐嘉成, 兰艳丰, 夏博, 等. 施用有机肥对防治烟草上向日葵列当的效果 [J]. 江苏农业科学, 2013, 41 (4): 119-121.

[30] 通乐嘎, 赵斌. 内蒙古巴彦淖尔市加工番茄列当发生情况及综合防控技术 [J]. 农业灾害研究, 2016, 6 (1): 1-2+7.

[31] 王凤龙, 王劲波, 钱玉梅, 等. 烟草上列当研究现状 [J]. 植保技术与推广, 1998 (3): 35-36.

[32] 王焕, 赵文团, 陈连芳, 等. 列当 (*Orobanche* spp. and *Phelipanche* spp.) 种子的采集与预处理方法 [J]. 杂草学报, 2016, 34 (1): 22-25.

[33] 王恺, 李朴芳, 余蕊, 等. 我国新疆焉耆垦区作物轮作种植模式防除列当的有效性研究 [J]. 中国生物防治学报, 2019, 35 (2): 272-281.

[34] 王文采, 潘开玉, 李振宇. 中国植物志（第69卷）[M]. 北京: 科学出版社, 1990, 97-124.

[35] 王靖, 崔超, 李亚珍, 等. 全寄生杂草向日葵列当研究现状与展望 [J]. 江苏农业科学, 2015, 43 (5): 144-147.

[36] 王鹏冬, 杨新元, 张学武, 等. 山西省向日葵列当初报 [J]. 山西农业科学, 2003, 31 (2): 75-77.

[37] 吴海荣, 强胜. 检疫杂草列当 (*Orobanche* L.) [J]. 杂草科学, 2006, 24 (2): 58-60.

[38] 吴文龙, 姜翠兰, 黄兆峰, 等. 我国向日葵列当发生危害现状调查 [J]. 植物保护, 2020, 46 (3): 266-273.

[39] 吴元华, 宁繁华, 刘晓琳, 等. 生防镰刀菌 (*Fusarium* sp.) 对烟草列当的防效 [J]. 烟草科技, 2011, 10 (297): 78-80.

[40] 夏善勇, 赵东升. 向日葵列当生物学特性及防治措施 [J]. 农业开发与装备, 2021 (3): 222-223.

[41] 亚库甫·艾买提, 阿曼古丽. 哈密瓜列当的防治 [J]. 农村科技, 2009 (4): 52-53.

[42] 杨蕾, 吴元华, 贝纳新, 等. 辽宁省烟田杂草种类、分布与危害程度调查 [J]. 烟草科技, 2011 (5): 80-84.

[43] 姚兆群, 曹小蕾, 付超, 等. 新疆列当的种类, 分布及其防治技术研究进

展[J]. 生物安全学报, 2017, 26 (1): 23-29.

[44] 余蕊, 马永清. 大麻对瓜列当和向日葵列当种子萌发诱导作用研究[J]. 中国农业大学学报, 2014, 19 (4): 38-46.

[45] 云晓鹏, 杜磊, 白全江, 等. 植物诱抗剂 IR-18 对向日葵列当的抑制效果及应用[J]. 北方农业学报, 2018, 46 (6): 77-82.

[46] 云晓鹏, 苏雅杰, 杜磊, 等. 我国向日葵列当生理小种的组成与分布[J]. 杂草学报, 2021, 39 (1): 12-20.

[47] 张翰文. 瓜列当及其防治研究[J]. 新疆八一农学院学报, 1965 (1): 55-58.

[48] 张红, 李俊华, 王豪杰, 等. 瓜列当对新疆甜瓜的危害及化学防治初探[J]. 中国瓜菜, 2021, 34 (4): 122-125.

[49] 张璐. 番茄抗列当种质资源筛选及抗性基因挖掘[D]. 石河子: 石河子大学, 2024.

[50] 张录霞, 甘中祥, 李倍金, 等. 新疆寄生性杂草列当的危害及防治[J]. 生物灾害科学, 2016, 39 (3): 211-214.

[51] 张金兰, 蒋青, 印丽萍, 等. 新疆寄生杂草菟丝子和列当的调查[J]. 植物检疫, 1995, 9 (4): 205-207.

[52] 张亚兰, 成金丽, 张建云, 等. 昌吉州加工番茄列当发生情况与综合防治技术[J]. 新疆农业科技, 2014 (6): 37-38.

[53] 张义, 牛庆杰, 孙敏, 等. 向日葵抗列当遗传研究[J]. 中国油料作物学报, 2006, 28 (2): 125-128.

[54] 张映合, 陈卫民. 新疆伊犁地区向日葵列当生物学特性研究[J]. 农业科技通讯, 2011a (8): 81-84.

[55] 张映合, 陈卫民. 伊犁地区向日葵列当的危害调查与防治技术研究[J]. 现代农业科技, 2011b (12): 184-185.

[56] 张学坤, 姚兆群, 赵思峰, 等. 分枝(瓜)列当在新疆的分布、危害及其风险评估[J]. 植物检疫, 2012, 26 (6): 31-33.

[57] 赵金龙, 吴立明, 关志坚, 等. 向日葵列当的发生及防治[J]. 农村科技, 2007 (10): 31-32.

[58] 赵秀红. 巴彦淖尔市向日葵列当发生及防治技术[J]. 中国农业信息, 2014 (2): 102.

[59] 中华人民共和国农业农村部. 农业农村部办公厅关于印发《全国农业植物检疫性有害生物分布行政区名录》的通知[J]. 中华人民共和国农业农村部公报, 2022 (8): 49-68.

[60] 中华人民共和国国家统计局. 中国统计年鉴[M]. 北京: 中国统计出版社, 2019.

[61] 朱晓华, 古丽夏提, 丁爱琴, 等. 哈密瓜列当防治试验[J]. 新疆农业科技, 2011 (4): 42.

[62] ABANG M M, BAYAA B, ABU-IRMAILEH B, et al. A participatory farming system approach for sustainable broomrape (Orobanche spp.) management in the Near East and North Africa[J]. Crop Protection, 2007, 26 (12): 1723-1732.

[63] ABBES Z, KHARRAT M, DELAVAULT P, et al. Nitrogen and carbon relationships between the parasitic weed Orobanche foetida and susceptible and tolerant faba bean lines[J]. Plant Physiology and Biochemistry, 2009, 47 (2): 153-159.

[64] AKIYAMA K, MATSUZAKI K, HAYASHI H. Plant sesquiterpenes induce hyphal branching in arbuscular mycorrhizal fungi[J]. Nature, 2005, 435 (7043): 824-827.

[65] AKIYAMA K, HAYASHI H. Strigolactones: Chemical signals for fungal symbionts and parasitic weeds in plant roots[J]. Annals of Botany, 2006, 97 (6): 925-931.

[66] ALICHE E B, SCREPANTI C, DE MESMAEKER A, et al. Science and application of strigolactones[J]. New Phytologist, 2020, 227 (4): 1001-1011.

[67] ALY R. Conventional and biotechnological approaches for control of parasitic weeds[J]. In Vitro Cellular & Developmental Biology – Plant, 2007, 43: 304-317.

[68] ALY R, CHOLAKH H, JOEL D M, et al. Gene silencing of mannose 6-phosphate reductase in the parasitic weed Orobanche aegyptiaca through the

production of homologous dsRNA sequences in the host plant [J]. Plant Biotechnology Journal, 2009, 7 (6): 487-498.

[69] ALY R. Trafficking of molecules between parasitic plants and their hosts[J]. Weed Research, 2013, 53 (4): 231-241.

[70] ALY R, BARI V K, LONDNER A, et al. Development of specific molecular markers to distinguish and quantify broomrape species in a soil sample [J]. European Journal of Plant Pathology, 2019, 155: 1367-1371.

[71] AMRI M, ABBES Z, YOUSSEF S B, et al. Detection of the parasitic plant, *Orobanche cumana* on sunflower (Helianthus *annuus* L.) in Tunisia[J]. African Journal of Biotechnology, 2014, 11 (18): 4163-4167.

[72] ANDOLFI A, BOARI A, EVIDENTE A, et al. Metabolites inhibiting germination of *Orobanche ramosa* seeds produced by *Myrothecium* verrucaria and *Fusarium compactum* [J]. Journal of Agricultural and Food Chemistry, 2005, 53 (5): 1598-1603.

[73] ANTONOVA T S. The history of interconnected evolution of *Orobanche cumana* Wallr. and sunflower in the Russian Federation and Kazakhstan [J]. Helia, 2014, 37 (61): 215-225.

[74] ASHRAFI Z Y, HASSAN M A, MASHHADI H R, et al. Applied of soil solarization for control of Egyptian broomrape (*Orobanche aegyptiaca*) on the cucumber (*Cucumis sativus*) in two growing seasons (in Iran) [J]. Journal of Agricultural Technology, 2009, 5 (1): 201-212.

[75] AVIV D, AMSELLEM Z, GRESSEL J. Transformation of carrots with mutant acetolactate synthase for *Orobanche* (broomrape) control [J]. Pest Management Science: formerly Pesticide Science, 2002, 58 (12): 1187-1193.

[76] AYBEKE M, ŞEN B, ÖKTEN S. *Aspergillus alliaceus*, a new potential biological control of the root parasitic weed *Orobanche*[J]. Journal of Basic Microbiology, 2014, 54 (S1): S93-S101.

[77] BAO Y Z, YAO Z Q, CAO X L, et al. Transcriptome analysis of *Phelipanche aegyptiaca* seed germination mechanisms stimulated by fluridone, TIS108, and

GR24[J]. PLoS ONE, 2017, 12 (11): e0187539.

[78] BARGHOUTHI S, SALMAN M. Bacterial inhibition of *Orobanche aegyptiaca* and *Orobanche cernua* radical elongation [J]. Biocontrol Science and Technology, 2010, 20 (4): 423 – 435.

[79] BERNER D K, CARDWELL F, FATURORI B O, et al. Relative roles of wind, crop seeds and cattle in dispersal of *Striga* spp. [J]. Plant Dis, 1994, 78: 402 – 406.

[80] BOARI A, VURRO M. Evaluation of *Fusarium* spp. and other fungi as biological control agents of broomrape (*Orobanche ramosa*) [J]. Biological Control, 2004, 30 (2): 212 – 219.

[81] BOTANGA C J, TIMKO M P. Phenetic relationships among different races of *Striga gesnerioides* (Willd.) Vatke from West Africa [J]. Genome, 2006, 49 (11): 1351 – 1365.

[82] BUSCHMANN H, GONSIOR G, SAUERBORN J. Pathogenicity of branched broomrape (*Orobanche ramosa*) populations on tobacco cultivars [J]. The Plant Pathology Journal, 2005, 54: 650 – 656.

[83] CAMERON D D, COATS A M, SEEL W E. Differential resistance among host andnon – host species underlies the variable success of the hemi – parasitic plant *Rhinanthus minor* [J]. Annals of Botany, 2006, 98: 1289 – 1299.

[84] CAO X L, ZHAO S F, ZHANG L, et al. First report of *Orobanche cumana* on Coleus in Xinjiang, China [J]. Plant Disease, 2023, 107: 3322.

[85] CAO X, XIAO L, ZHANG L, et al. Phenotypic and histological analyses on the resistance of melon to *Phelipanche aegyptiaca* [J]. Frontiers in Plant Science, 2023, 14: 1070319.

[86] CARTRY D, STEINBERG C, GIBOT – LECLERC S. Main drivers of broomrape regulation: A review [J]. Agronomy for Sustainable Development, 2021, 41 (2): 1 – 22.

[87] CARVALHAIS L C, RINCON – FLOREZ V A, BREWER P B, et al. The ability of plants to produce strigolactones affects rhizosphere community

composition of fungi but not bacteria[J]. Rhizosphere, 2019, 9: 18 – 26.

[88] CASTELJON – MUNOZ M, ROMERO – MUNOZ F, GARCIA – TORRES L. *Orobanche cernua* dispersion and its incidence in sunflower in Andalusia (Southern Spain) [C]. In: Wegmann K, Musselman L J (eds) Progress in *Orobanche* research. Eberhard – Karls University, Tubingen, Germany, 1991: 44 – 48.

[89] CHEN J, XUE Q H, MCERLEAN C S P, et al. Biocontrol potential of the antagonistic microorganism *Streptomyces enissocaesilis* against *Orobanche cumana* [J]. BioControl, 2016, 61: 781 – 791.

[90] CUI S K, KUBOTA T, NISHIYAMA T, et al. Ethylene signaling mediates host invasion by parasitic plants[J]. Science Advances, 2020, 6: eabc2385.

[91] CUI S K, WADA S, TOBIMATSU Y, et al. Host lignin composition affects haustorium induction in the parasitic plants *Phtheirospermum japonicum* and *Striga hermonthica*[J]. New Phytologist, 2018, 218 (2): 710 – 723.

[92] DÍAZ – RUIZ R, TORRES A M, SATOVIC Z, et al. Validation of QTLs for *Orobanche crenata* resistance in faba bean (*Vicia faba* L.) across environments and generations[J]. Theoretical and Applied Genetics, 2010, 120: 909 – 919.

[93] DOR E, PLAKHINE D, JOEL D M, et al. A new race of sunflower broomrape (*Orobanche cumana*) with a wider host range due to changes in seed response to strigolactones[J]. Weed Science, 2019, 68 (2): 1 – 28.

[94] DOR E, HERSHENHORN J, ANDOLFI A, et al. *Fusarium verticillioides* as a new pathogen of the parasitic weed *Orobanche* spp. [J]. Phytoparasitica, 2009, 37: 361 – 370.

[95] DUBOIS S, CHEPTOU P O, PETIT C, et al. Genetic structure and mating systems of metallicolous and nonmetallicolous populations of *Thlaspi caerulescens* [J]. New Phytologist, 2003, 157: 633 – 641.

[96] DUKE S O, CERDEIRA A L. Transgenic herbicide – resistant crops: Current status and potential for the future[J]. Outlooks on Pest Management, 2005, 16 (5): 208 – 211.

[97] EIZENBERG H, GOLDWASSER Y. Control of egyptian broomrape in processing tomato: A summary of 20 years of research and successful implementation [J]. Plant Disease, 2018, 102 (8): 1477 - 1488.

[98] EIZENBERG H, PLAKHINE D, LANDA T, et al. First report of a new race of sunflower broomrape (*Orobanche cumana*) in Israel [J]. Plant Disease, 2004, 88: 1284.

[99] EL - HALMOUCH Y, BENHARRAT H, THALOUARN P. Effect of root exudates from different tomato genotypes on broomrape (*P. aegyptiaca*) seed germination and tubercle development [J]. Crop Protection, 2006, 25 (5): 501 - 507.

[100] EL - KASSAS R, KARAM EL - DIN Z, BEALE M H, et al. Bioassay - led isolation of *Myrothecium verrucaria* and *verrucarin* A as germination inhibitors of *Orobanche crenata* [J]. Weed Research, 2005, 45 (3): 212 - 219.

[101] FERNÁNDEZ - APARICIO M, GARCÍA - GARRIDO J M, OCAMPO J A, et al. Colonisation of field pea roots by arbuscular mycorrhizal fungi reduces *Orobanche* and *Phelipanche* species seed germination [J]. Weed research, 2010, 50 (3): 262 - 268.

[102] FERNANDEZ - MARTINEZ J M, DOMINGUEZ J, PÉREZ - VICH B, et al. Update on breeding for resistance to sunflower broomrape/actualización de la situación de la mejora genética de girasol para resistencia al jopo/mise à jour des actions de sélection pour la résistance à l'orobanche du tournesol [J]. Helia, 2008, 31 (48): 73 - 84.

[103] FERNÁNDEZ - APARICIO M, WESTWOOD J H, RUBIALES D. Agronomic, breeding, and biotechnological approaches to parasitic plant management through manipulation of germination stimulant levels in agricultural soils [J]. Botany, 2011, 89 (12): 813 - 826.

[104] FONDEVILLA S, FERNÁNDEZ - APARICIO M, SATOVIC Z, et al. Identification of quantitative trait loci for specific mechanisms of resistance to *Orobanche crenata* Forsk. in pea (*Pisum sativum* L.) [J]. Molecular Breeding,

2010, 25: 259-272.

[105] FURUHASHI T, KOJIMA M, SAKAKIBARA H, et al. Morphological and plant hormonal changes during parasitization by *Cuscuta japonica* on *Momordica charantia*[J]. Journal of Plant Interactions, 2014, 9 (1): 220-232.

[106] FURUTA K M, XIANG L, CUI S K, et al. Molecular dissection of haustorium development in *Orobanchaceae* parasitic plants[J]. Plant Physiology, 2021, 186 (3): 1424-1434.

[107] GARCÍA-TORRES L, CASTEJÓN-MUÑOZ M, LÓPEZ-GRANADOS L. The problem of *Orobanche* and its management in Spain[C].// Biology & Management of *Orobanche* Third International Workshop on *Orobanche* & Related *Striga* Research. Montpellier, France, 1994: 623-627.

[108] GARCÍA-TORRES L, LÓPEZ-GRANADOS F, JURADO-EXPÓSITO M, et al. The present state of *Orobanche* spp. infestations in Andalusia and the prospects for its management[J]. Sixth European Weed Research Society Mediterranean Symposium, Montpellier, 1998: 141-145.

[109] GHAZNAVI M, KAZEMEINI S A, NADERI R. Effects of N fertilizer and a bioherbicide on Egyptian broomrape (*Orobanche aegyptiaca*) in a tomato field [J]. Iran Agricultural Research, 2019, 38 (1): 9-13.

[110] GINMAN E L. Dispersal biology of *Orobanche ramosa* in South Australia[M]. University of Adelaide, School of Earth and Environmental Science, Discipline of Ecology and Evolutionary Biology, 2009.

[111] GOLDWASSER Y, LANINI W T, WROBEL R L. Tolerance of tomato varieties to lespedeza dodder[J]. Weed Science, 2001, 49 (4): 520-523.

[112] GOLDWASSER Y, RODENBURG J. Integrated agronomic management of parasitic weed seed banks[C]//Parasitic Orobanchaceae: Parasitic mechanisms and control strategies. Berlin, Heidelberg: Springer Berlin Heidelberg, 2013: 393-413.

[113] GOMEZ-ROLDAN V, FERMAS S, BREWER P B, et al. Strigolactone inhibition of shoot branching[J]. Nature, 2008, 455 (7210): 189-194.

[114] GOYET V, BILLARD E, POUVREAU J B, et al. Haustorium initiation in the obligate parasitic plant *Phelipanche ramosa* involves a host – exudated cytokinin signal[J]. Journal of Experimental Botany, 2017, 68 (20): 5539 – 5552.

[115] GOYET V, WADA S, CUI S K, et al. Haustorium inducing factors for parasitic *Orobanchaceae*[J]. Frontiers in Plant Science, 2019, 10: 1056.

[116] GRESSEL J. Evolving understanding of the evolution of herbicide resistance [J]. Pest Management Science: formerly Pesticide Science, 2009, 65 (11): 1164 – 1173.

[117] GUTIÉRREZ N, PALOMINO C, SATOVIC Z, et al. QTLs for *Orobanche* spp. resistance in faba bean: Identification and validation across different environments [J]. Molecular Breeding, 2013, 32: 909 – 922.

[118] GURNEY A L, SLATE J, PRESS M C, et al. A novel form of resistance in rice to the angiosperm parasite *Striga hermonthica*[J]. New Phytologist, 2006, 169: 199 – 208.

[119] HABIMANA S, MURTHY K N K, HATTI V, et al. Management of *Orobanche* in field crops: A review[J]. Sci J Crop Sci, 2013, 2 (11): 144 – 158.

[120] HAIDAR M A, BIBI W, SIDAHMED M M. Response of branched broomrape (*Orobanche ramosa*) growth and development to various soil amendments in potato[J]. Crop Protection, 2003, 22 (2): 291 – 294.

[121] HATTORI J, RUTLEDGE R, LABBÉ H, et al. Multiple resistance to sulfonylureas and imidazolinones conferred by an acetohydroxyacid synthase gene with separate mutations for selective resistance [J]. Molecular and General Genetics MGG, 1992, 232: 167 – 173.

[122] HERSHENHORN J, GOLDWASSER Y, PLAKHINE D, et al. Effect of sulfonylurea herbicides on Egyptian broomrape (*Orobanche aegyptiaca*) in tomato (*Lycopersicon esculentum*) under greenhouse conditions [J]. Weed Technology, 1998, 12 (1): 115 – 120.

[123] HEZEWIJK M J V, BEEM A P V, VERKLEIJ J A C, et al. Germination of *Orobanche crenata* seeds, as influenced by conditioning temperature and period

[J]. Canadian Journal of Botany, 1993, 71 (6): 786-792.

[124] HLADNI N, DEDIĆ B, JOCIĆ S, et al. Evaluation of resistance of new sunflower hybrids to broomrape in the breeding programs in Novi Sad[J]. Helia, 2012, 35 (56): 89-98.

[125] HLADNI N, JOCIĆ S, MIKLIČ V, et al. Assessment of quality of new Rf inbred lines resistant to broomrape race E (*Orobanche cumana* wallr.) developed from *H. deserticola* by interspecific hybridization[J]. Helia, 2010, 33 (53): 155-164.

[126] HSIAO A I, WORSHAM A D, MORELAND D E. Effects of chemicals often regarded as germination stimulants on seed conditioning and germination of witchweed (*Striga asiatica*) [J]. Annals of Botany, 1988, 62 (1): 17-24.

[127] ICHIHASHI Y, HAKOYAMA T, IWASE A, et al. Common mechanisms of developmental reprogramming in plants – lessons from regeneration, symbiosis, and parasitism[J]. Frontiers in Plant Science, 2020, 11: 1084.

[128] ICHIHASHI Y, KUSANO M, KOBAYASHI M, et al. Transcriptomic and metabolomic reprogramming from roots to haustoria in the parasitic plant, *Thesium chinense*[J]. Plant and Cell Physiology, 2018, 59 (4): 729-738.

[129] JACOBSOHN R, BEN-GEDALIA D, MARTON K. Effect of animal's digestive system on the effectivity of *Orobanche* seeds[J]. Weed Research, 1987, 27: 87-90.

[130] JACOBSOHN R, GREENBERGER A, KATAN J, et al. Control of Egyptian broomrape (*Orobanche aegyptiaca*) and other weeds by means of solar heating of the soil by polyethylene mulching[J]. Weed Science, 1980, 28 (3): 312-316.

[131] JOEL D M, KLEIFELD Y, LOSNER-GOSHEN D, et al. Transgenic crops against parasites[J]. Nature (London), 1995, 374 (6519): 220-221.

[132] JOEL D M. The long-term approach to parasitic weeds control: Manipulation of specific developmental mechanisms of the parasite [J]. Crop Protection, 2000, 19 (8): 753-758.

[133] JOEL D M. The haustorium and the life cycles of parasitic *Orobanchaceae*

[M]//Parasitic *Orobanchaceae*: Parasitic mechanisms and control strategies. Berlin, Heidelberg: Springer Berlin Heidelberg, 2013: 21-23.

[134] JOEL D M, BAR H, MAYER A M, et al. Seed ultrastructure and water absorption pathway of the root-parasiticplant *Phelipanche aegyptiaca* (Orobanchaceae) [J]. Annals of Botany, 2012, 109: 181-195.

[135] JOHNSEN H R, STRIBERNY B, OLSEN S, et al. Cell wall composition profiling of parasitic giant dodder (*Cuscuta reflexa*) and its hosts: A priori differences and induced changes [J]. New Phytologist, 2015, 207 (3): 805-816.

[136] JOHNSON A W, ROSEBERY G, PARKER C. A novel approach to *Striga* and *Orobanche* control using synthetic germination stimulants [J]. Weed Research, 2010, 16 (4): 223-227.

[137] JURADO-EXPÓSITO M, GARCÍA-TORRES L, CASTEJÓN-MUÑOZ M. Broad bean and lentil seed treatments with imidazolinones for the control of broomrape (*Orobanche crenata*) [J]. The Journal of Agricultural Science, 1997, 129 (3): 307-314.

[138] KARIMMOJENI H, EHTEMAM M H, JAVADIMOGHADAM S, et al. Egyptian broomrape (*Phelipanche aegyptiaca*) response to silicon nutrition in tomato (*Solanum lycopersicum* L.) [J]. Archives of Agronomy and Soil Science, 2017, 63 (5): 612-618.

[139] KEBREAB E, MURDOCH A J. The effect of water stress on the temperature range for germination of *Orobanche aegyptiaca* seeds [J]. Seed Science Research, 2000, 10 (2): 127-133.

[140] KEBREAB E, MURDOCH A J. A model of the effects of a wide range of constant and alternating temperatures on seed germination of four *Orobanche* species [J]. Annals of Botany, 1999, 84 (4): 549-557.

[141] KEBREAB E, MURDOCH A J. A quantitative model for loss ofprimary dormancy and induction of secondary dormancy in imbibed seeds of *Orobanche* spp. [J]. J Exp Bot 1999, 50: 211-219.

[142] KEYES W J, O'MALLEY R C, KIM D, et al. Signaling organogenesis in parasitic angiosperms: Xenognosin generation, perception, and response [J]. Journal of Plant Growth Regulation, 2000, 19 (2): 217-231.

[143] KIRSCHNER G K, XIAO T T, JAMIL M, et al. A roadmap of haustorium morphogenesis in parasitic plants [J]. Journal of Experimental Botany, 2023, 74 (22): 7034-7044.

[144] KLEIN O, KROSCHEL J. Biological control of *Orobanche* spp. with *Phytomyza orobanchia*, a review [J]. Biocontrol, 2002, 47: 245-277.

[145] KOHLEN W, CHARNIKHOVA T, LAMMERS M, et al. The tomato CAROTENOID CLEAVAGE DIOXYGENASE8 (S I CCD8) regulates rhizosphere signaling, plant architecture and affects reproductive development through strigolactone biosynthesis [J]. New Phytologist, 2012, 196 (2): 535-547.

[146] KOSTOV K, BATCHVAROVA R, SLAVOV S. Application of chemical mutagenesis to increase the resistance of tomato to *Orobanche ramosa* L. [J]. Bulgarian Journal of Agricultural Science, 2007, 13 (5): 505-513.

[147] KUSUMOTO D, GOLDWASSER Y, XIE X, et al. Resistance of red clover (*Trifolium pratense*) to the root parasitic plant *orobanche minor* is activated by salicylate but not by jasmonate [J]. Annals of Botany, 2007, 100 (3): 537-544.

[148] LAOHAVISIT A, WAKATAKE T, ISHIHAMA N, et al. Quinone perception in plants via leucine-rich-repeat receptor-like kinases [J]. Nature, 2020, 587 (7832): 92-97.

[149] LATI R, ALY R, EIZENBERG H, et al. First report of the parasitic plant *Phelipanche aegyptiaca* infecting kenaf in Israel [J]. Plant Disease, 2013, 97 (5): 695-695.

[150] LE R A, IBARCQ G, BONIFACE M C, et al. Image analysis for the automatic phenotyping of *Orobanche cumana* tubercles on sunfower roots [J]. Plant Methods, 2021, 17: 1-14.

[151] LEI M K, ZHU X M. Role of nitrogen in pitting corrosion resistance of a high-

nitrogen face-centered-cubic phase formed on austenitic stainless steel [J]. Journal of The Electrochemical Society, 2005, 152 (8): B291.

[152] LENDZEMO V, KUYPER T W, URBAN A, et al. The arbuscular mycorrhizal host status of plants can not be linked with the *Striga* seed-germination-activity of plant root exudates[J]. Journal of Plant Diseases and Protection, 2009, 116 (2): 86-89.

[153] LOUARN J, BONIFACE M C, POUILLY N, et al. Sunflower resistance to broomrape (*Orobanche cumana*) is controlled by specific QTLs for different parasitism stages[J]. Frontiers in Plant Science, 2016, 7: 590.

[154] LÓPEZ-GRANADOS F, GARCÍA-TORRES L. Longevity of crenate broomrape (*Orobanche crenata*) seed under soil and laboratory conditions [J]. Weed Science, 1999, 47: 161-166.

[155] LÓPEZ-RÁEZ J A, FERNÁNDEZ I, GARCÍA J M, et al. Differential spatio-temporal expression of carotenoid cleavage dioxygenases regulates apocarotenoid fluxes during AM symbiosis[J]. Plant Science, 2015, 230: 59-69.

[156] LÓPEZ-RÁEZ J A. How drought and salinity affect arbuscular mycorrhizal symbiosis and strigolactone biosynthesis? [J]. Planta, 2016, 243: 1375-1385.

[157] LOZANO-BAENA M D, PRATS E, MORENO M T, et al. Medicago truncatula as a model for nonhost resistance in legume-parasitic plant interactions[J]. Plant Physiology, 2007, 145 (2): 437-449.

[158] MABROUK Y, ZOURGUI L, SIFI B, et al. Some compatible *Rhizobium leguminosarum* strains in peas decrease infections when parasitized by *Orobanche crenata*[J]. Weed Research, 2007, 47 (1): 44-53.

[159] MA Q Q, HU L J, XI H, et al. First report of *Karelinia caspia* as a new host of *Orobanche cumana* in Xinjiang, China [J]. Plant Disease, 2023, 107 (10): 3323.

[160] MASUMOTO N, SUZUKI Y, CUI S K, et al. Three-dimensional reconstructions of haustoria in two parasitic plant species in the *orobanchaceae* [J]. Plant Physiology, 2021, 185 (4): 1429-1442.

[161] MITSUMASU K, SETO Y, YOSHIDA S. Apoplastic interactions between plants and plant root intruders[J]. Frontiers in Plant Science, 2015, 6: 617.

[162] MOLINERO-RUIZ L, DELAVAULT P, PÉREZ-VICH B, et al. History of the race structure of *Orobanche cumana* and the breeding of sunflower for resistance to this parasitic weed: A review[J]. Spanish Journal of Agricultural Research, 2015, 13 (4): 2171-9292.

[163] MOROZOV V K. Sunflower breeding in the USSR [M]. Russian, Piscepromizdat [Food Industry Publishers] Moscow, 1947.

[164] MUSSELMAN L J, PARKER C. Preliminary host ranges of some strains of economically important broomrapes (*Orobanche*) [J]. Economic Botany, 1982, 36 (3): 270-273.

[165] MUTUKU J M, CUI S K, YOSHIDA S, et al. *Orobanchaceae* parasite-host interactions[J]. New Phytologist, 2020, 230 (1): 46-59.

[166] MUTUKU J M, CUI S K, HORI C, et al. The structural integrity of lignin is crucial for resistance against *Striga hermonthica* parasitism in rice[J]. Plant Physiology, 2019, 179 (4): 1796-1809.

[167] MÜLLER-STÖVER D, KROSCHEL J. The potential of Ulocladium botrytis for biological control of *Orobanche* spp. [J]. Biological Control, 2005, 33 (3): 301-306.

[168] NABLOUSSI A, VELASCO L, ASSISSEL N. First report of sunflower broomrape, *Orobanche cumana* Wallr., in Morocco[J]. Plant Disease, 2018, 102 (2): 457-458.

[169] NELSON D C. The mechanism of host-induced germination in root parasitic plants[J]. Plant Physiology, 2021, 185 (4): 1353-1373.

[170] NOUBISSIE T J B, BELL J M, GUISSAI B S, et al. Varietal response of cowpea (*Vigna unguiculata* (L.) Walp.) to *Striga gesnerioides* (Willd.) Vatke Race SG5 Infestation[J]. Notulae Botanicae Horti Agrobotanici Cluj-Napoca, 2010, 38 (2): 33-41.

[171] OGAWA S, WAKATAKE T, SPALLEK T, et al. Subtilase activity in intrusive

cells mediates haustorium maturation in parasitic plants[J]. Plant Physiology, 2021, 185 (4): 1381 -1394.

[172] PARKER C. Observations on the current status of *Orobanche* and *Striga* problems worldwide[J]. Pest Management Science, 2009, 65 (5): 453 -459.

[173] PAGEAU K, SIMIER P, LE BIZEC B, et al. Characterization of nitrogen relationships between *Sorghum bicolor* and the root - hemiparasitic angiosperm *Striga hermonthica* (Del.) Benth. using $K^{15}NO_3$ as isotopic tracer [J]. Journal of Experimental Botany, 2003, 54 (383): 789 -799.

[174] PARKER C. Protection of crops against parasitic weeds[J]. Crop Protection, 1991, 10 (1): 6 -22.

[175] PARKER C. The present state of the *Orobanche* problem, in biology and management of *Orobanche*, proceedings of the third international workshop on *Orobanche* and related *Striga* research [C]. Royal Tropical Institute, Amsterdam, The Netherlands, 1994: 17 -26.

[176] PIELACH A, LEROUX O, DOMOZYCH D S, et al. Arabinogalactan protein - rich cell walls, paramural deposits and ergastic globules define the hyaline bodies of rhinanthoid *Orobanchaceae* haustoria[J]. Annals of Botany, 2014, 114 (6): 1359 -1373.

[177] PINEDA - MARTOS R, VELASCO L, FERNÁNDEZ - ESCOBAR J, et al. Genetic diversity of *Orobanche cumana* populations from Spain assessed using SSR markers[J]. Weed Research, 2013, 53: 279 -289.

[178] PINEDA - MARTOS R, VELASCO L, PEREZ - VICH B. Identification, characterisation and discriminatory power of microsatellite markers in the parasitic weed *Orobanche cumana* [J]. Weed Research , 2014, 54: 120 -132.

[179] PRANDI C, KAPULNIK Y, KOLTAI H. Strigolactones: Phytohormones with Promising Biomedical Applications[J]. European Journal of Organic Chemistry, 2021: 4019 -4026.

[180] PUNIA S S. Control of broomrape in Indian mustard[J]. Indian Journal of Weed Science, 2015, 47 (2): 170 -173.

[181] PÉREZ-DE-LUQUE A, LOZANO M D, MORENO M T, et al. Resistance to broomrape (*Orobanche crenata*) in faba bean (Vicia faba): Cell wall changes associated with prehaustorial defensive mechanisms [J]. Annals of Applied Biology, 2007, 151 (1): 89-98.

[182] PÉREZ-VICH B, AKHTOUCH B, MUÑOZ-RUZ J, et al. Inheritance of resistance to a highly virulent race f of *Orobanche cumana* Wallr. In a sunflower line derived from interspecific amphiploids [J]. Helia, 2002, 25 (36): 137-144.

[183] PÉREZ-VICH B, AKHTOUCH B, KNAPP S J, et al. Quantitative trait loci for broomrape (*Orobanche cumana* Wallr.) resistance in sunflower [J]. Theoretical and Applied Genetics, 2004, 109: 92-102.

[184] PÉREZ-DE-LUQUE A, RUBIALES D. Nanotechnology for parasitic plant control [J]. Pest Management Science: formerly Pesticide Science, 2009, 65 (5): 540-545.

[185] RIOPEL J L. Haustorial initiation and differentiation [J]. Parasitic Plants, 1995: 39-79.

[186] RADI A, DINA P, GUY A. Expression of sarcotoxin IA gene via a root-specific tob promoter enhanced host resistance against parasitic weeds in tomato plants [J]. Plant Cell Reports, 2006, 25: 297-303.

[187] ROBERTS E H. Temperature and seed germination [J]. Symposia of the Society for Experimental Biology, 1988, 42 (42): 109-132.

[188] PINEDA-MARTOS R, PUJADAS-SALVÀ A J, FERNÁNDEZ-MARTÍNEZ J M, et al. The genetic structure of wild *Orobanche cumana* Wallr. (*Orobanchaceae*) populations in Eastern Bulgaria reflects introgressions from weedy populations [J]. The Scientific World Journal, 2014, 2014 (1): 150432.

[189] RODRÍGUEZ-CONDE M F, MORENO M T, CUBERO J I, et al. Characterization of the *Orobanche*-Medicago truncatula association for studying early stages of the parasite-host interaction [J]. Weed Research, 2004, 44 (3): 218-223.

[190] RODRÍGUEZ-OJEDA M I, FERNÁNDEZ-MARTÍNEZ J M, VELASCO L, et al. Extent of cross-fertilization in *Orobanche cumana* Wallr. [J]. Biologia Plantarum, 2013, 57: 559-562.

[191] ROMÁN B, RUBIALES D, TORRES A M, et al. Genetic diversity in *Orobanche crenata* populations from southern Spain[J]. Theoretical and Applied Genetics, 2001, 103: 1108-1114.

[192] RUBIALES D, MORENO M T, SILLERO J C. Search for resistance to crenate broomrape (*Orobanche crenata* Forsk.) in pea germplasm [J]. Genetic Resources and Crop Evolution, 2005, 52: 853-861.

[193] RUBIALES D, PÉREZ-DE-LUQUE A, JOEL D M, et al. Characterization of resistance in chickpea to crenate broomrape (*Orobanche crenata*) [J]. Weed Science, 2003, 51 (5): 702-707.

[194] RUBIALES D, FERNÁNDEZ-APARICIO M, WEGMANN K, et al. Revisiting strategies for reducing the seedbank of *Orobanche* and *Phelipanche* spp. [J]. Weed Research, 2009, 49: 23-33.

[195] RUBIALES D, FLORES F, EMERAN A A, et al. Identification and multi-environment validation of resistance against broomrapes (*Orobanche crenata* and *Orobanche foetida*) in faba bean (Vicia faba) [J]. Field Crops Research, 2014, 166: 58-65.

[196] CHAE S H, YONEYAMA K, TAKEUCHI Y, et al. Fluridone and norflurazon, carotenoid-biosynthesis inhibitors, promote seed conditioning and germination of the holoparasite *Orobanche minor*[J]. Physiologia Plantarum, 2004, 120 (2): 328.

[197] SATOVIC Z, JOEL D M, RUBIALES D, et al. Population genetics in weedy species of *Orobanche*[J]. Australasian Plant Pathology, 2009, 38: 228-234.

[198] SAUERBORN J, BUSCHMANN H, GHIASI K G, et al. Benzothiadiazole activates resistance in sunflower (*Helianthus annuus*) to the root-parasitic weed *Orobanche cuman*[J]. Phytopathology, 2002, 92 (1): 59-64.

[199] SAUERBORN J. The economic importance of the phytoparasites *Orobanche* and

Striga[C]. in: Proceedings of the Fifth International Symposium on Parasitic Weeds. Ransom J K, Musselman L J, Worsham A D and Parker C (eds). CIMMYT, Nairobi, Kenya, 1991: 137-143.

[200] SCHNEEWEISS G M. Correlated evolution of life history and host range in the nonphotosynthetic parasitic flowering plants *Orobanche* and *Phelipanche* (*Orobanchaceae*) [J]. Journal of Evolutionary Biology, 2010, 20 (2): 471-478.

[201] SHEKHAWAT K, RATHORE S S, PREMI O P, et al. Advances in agronomic management of Indian mustard (*Brassica juncea* (L.) Czernj. Cosson): An overview[J]. International Journal of Agronomy, 2012 (1): 408284.

[202] SLAVOV S, VALKOV V, BATCHVAROVA R, et al. Chlorsulfuron resistant transgenic tobacco as a tool for broomrape control[J]. Transgenic Research, 2005, 14: 273-278.

[203] SONG W J, ZHOU W J, JIN Z L, et al. Germination response of *Orobanche* seeds subjected to conditioning temperature, water potential and growth regulator treatments[J]. Weed Research, 2005, 45 (6): 467-476.

[204] SPALLEK T, GAN P, KADOTA Y, et al. Same tune, different song - cytokinins as virulence factors in plant - pathogen interactions [J]. Current Opinion in Plant Biology, 2018, 44: 82-87.

[205] SPALLEK T, MELNYK C W, WAKATAKE T, et al. Interspecies hormonal control of host root morphology by parasitic plants [J]. Proceedings of the National Academy of Sciences, 2017, 114 (20): 5283-5288.

[206] SWEIGART A L, WILLIS J H. Patterns of nucleotide diversity in two species of Mimulus are affected by mating system and asymmetric introgression [J]. Evolution, 2003, 57 (11): 2490-2506.

[207] TAKEUCHI Y, OMIGAWA Y, OGASAWARA M, et al. Effects of brassinosteroids on conditioning and germination of clover broomrape (*Orobanche minor*) seeds [J]. Plant Growth Regulation, 1995, 16 (2): 1560.

[208] THOROGOOD C J, RUMSEY F J, HARRIS S A, et al. Host - driven

divergence in the parasitic plant *Orobanche minor* Sm. (*Orobanchaceae*) [J]. Molecular Ecology, 2008, 17: 4289 - 4303.

[209] THOROGOOD C J, RUMSEY F J, HARRIS S A, et al. Gene flow between alien and native races of the holoparasitic angiosperm *Orobanche minor* (*Orobanchaceae*) [J]. Plant Systematics and Evolution, 2009, 282: 31 - 42.

[210] THOMAS H, SAUERBORN J, MÜLLER - STÖVER D, et al. The Potential of *Fusarium oxysporum* f. sp. *orthoceras* as a biological control agent for *Orobanche cumanain* sunflower[J]. Biological Control, 1998, 13 (1): 41 - 48.

[211] VAN HEZEWIJK M J, LINKER K H, LÓPEZ - GRANADOS F, et al. Seasonal changes in germination response of buried seeds of *Orobanche crenata* Forsk[J]. Weed Research, 1994, 34 (5): 369 - 376.

[212] VAZ PATTO M C, DÍAZ - RUIZ R, SATOVIC Z, et al. Genetic diversity of Moroccan populations of *Orobanche foetida*: From wild parasitic plants to parasitic weeds[J]. Weed Reseatch, 2008, 48: 179 - 186.

[213] VAZ PATTO M C, FERNÁNDEZ - APARICIO M, SATOVIC Z, et al. Extent and pattern of genetic differentiation within and between European populations of *Phelipanche ramosa* revealed by amplifified fragment length polymorphism analysis[J]. Weed Reseatch, 2009, 9: 48 - 55.

[214] VINCENT G, ESTELLE B, JEAN - BERNARD P, et al. Haustorium initiation in the obligate parasitic plant *Phelipanche ramosa* involves a host - exudated cytokinin signal[J]. Journal of Experimental Botany, 2017 (20): 5539 - 5552.

[215] WADA S, CUI S K, YOSHIDA S. Reactive oxygen species (ROS) generation is indispensable for haustorium formation of the root parasitic plant *Striga hermonthica*[J]. Frontiers in Plant Science, 2019, 10: 328.

[216] WAKABAYASHI T, JOSEPH B, YASUMOTO S, et al. Planteose as a storage carbohydrate required for early stage of germination of *Orobanche minor* and its metabolism as a possible target for selective control[J]. Journal of Experimental Botany, 2015, 66 (11): 2 - 13.

[217] WAKATAKE T, OGAWA S, YOSHIDA S, et al. An auxin transport network

underlies xylem bridge formation between the hemi – parasitic plant *Phtheirospermum japonicum* and host *Arabidopsis*[J]. Development, 2020, 147 (14): 1 – 12.

[218] WAKATAKE T, YOSHIDA S, SHIRASU K. Induced cell fate transitions at multiple cell layers configure haustorium development in parasitic plants [J]. Development, 2018, 145 (14): 1 – 11.

[219] WESTWOOD J H, FOY C L. Influence of nitrogen on germination and early development of broomrape (*Orobanche* spp.) [J]. Weed Science, 1999, 47 (1): 2 – 7.

[220] XIE X, YONEYAMA K, KUSUMOTO D, et al. Isolation and identification of alectrol as (+) – orobanchyl acetate, a novel germination stimulant for root parasitic plants[J]. Phytochemistry, 2008, 69 (2): 427 – 431.

[221] XU Y X, ZHANG J X, MA C R, et al. Comparative genomics in *Orobanchaceae* provides insight into the origin and evolution of plant parasitism [J]. Molecular Plant, 2022, 15: 1384 – 1399.

[222] YANG Z Z, WAFULA E K, KIM G, et al. Convergent horizontal gene transfer and cross – talk of mobile nucleic acids in parasitic plants[J]. Nature Plants, 2019, 5: 991 – 1001.

[223] YAO Z Q, TIAN F, CAO X L, et al. Global transcriptomic analysis reveals the mechanism of *Phelipanche aegyptiaca* seed germination [J]. International Journal of Molecular Sciences, 2016, 17 (7): 1139.

[224] YONEYAMA K. How do strigolactones ameliorate nutrient deficiencies in plants [J]. Cold Spring Harbor Perspectives in Biology, 2019, 11 (8): 1 – 16.

[225] YOSHIDA S, CUI S K, ICHIHASHI Y, et al. The haustorium, a specialized invasive organ in parasitic plants [J]. Annual Review Plant Biololgy, 2016, 67 (1): 643 – 667.

[226] YOSHIDA S, KIM S, WAFULA E K, et al. Genome sequence of *Striga asiatica* provides insight into the evolution of plant parasitism [J]. Current Biology, 2019, 29 (18): 3041 – 3052.

[227] YOSHIDA S, MARUYAMA S, NOZAKI H, et al. Horizontal gene transfer by the parasitic plant *Striga hermonthica*[J]. Science, 2010, 328 (5982): 1128.

[228] YOUSEFI A R, SOHEILY F. First report of *Orobanche aegyptiaca* on *Kalanchoe blossfeldiana* in Iran[J]. Plant Disease, 2014, 98 (9): 1287.

[229] ZHANG L, CAO X L, YAO Z Q, et al. Identification of risk areas for *Orobanche cumana* and *Phelipanche aegyptiaca* in China, based on the major host plant and CMIP6 climate scenarios[J]. Ecology and Evolution, 2022, 12 (4): 1-17.

[230] ZHAO Y D. Essential roles of local auxin biosynthesis in plant development and in adaptation to environmental changes[J]. Annual Review of Plant Biology, 2018, 69: 417-435.

作者简介：

赵思峰，博士，教授，博士生导师。2000年在石河子大学获得植物病理学硕士学位，2004年9月至2007年12月在浙江大学农业与生物技术学院获得农学博士学位，2011年获得教授职称。2015年9月至12月在新西兰梅西大学（Massey University）做访问学者，曾到以色列、安哥拉和吉尔吉斯斯坦进行学习和交流。担任中国植物保护学会理事，中国植物病理学会理事，新疆植物保护学会副理事长，新疆维吾尔自治区现代农业产业技术体系建设战略咨询科学家委员会委员，新疆绿洲农业病虫害治理与植物保护资源利用重点实验室主任；兼任《新疆农业科学》《石河子大学学报》（自然科学版）编委，是 Plant Disease、《植物病理学报》《中国油料作物学报》等杂志审稿专家。主持国家自然科学基金、国家重点研发项目课题、国家科技支撑计划课题、国家星火计划课题等国家级课题9项，新疆生产建设兵团课题7项。发表论文200余篇，其中在 Plant Disease，Phytopathology，Frontiers in Plant Science，Agronomy–Basel，Plants，Ecology and Evolution 等杂志发表SCI论文50篇。主编著作2部，副主编著作2部，授权国家发明5项，制定地方技术标准2项，获省部级科技进步奖二等奖4项、三等奖2项，省部级技术发明奖二等奖1项，省部级科普奖1项和省部级教学成果奖二等奖1项。

姚兆群，农学博士，副教授，硕士生导师。2011年于石河子大学植物保护专业获得农学学士学位，2011年9月至2016年12月在石河子大学农学院获得农学博士学位，2020年获得副教授职称。2018年入选石河子大学"3152"人才计划。2019年曾到美国加州大学洛杉矶分校学习交流。兼任中国植物病理学会青年委员会理事，参与国家自然科学基金、国家重点研发项目子课题、国家科技支撑计划课题、国家星火计划课题等国家级课题9项，主持石河子大学校级项目2项。发表论文10余篇，其中SCI论文4篇。获省部级科技进步奖三等奖1项（排名第二）。

曹小蕾，博士。2016 年在石河子大学获得农药学硕士学位，2017 年 9 月至 2022 年 11 月在石河子大学获得农学博士学位，2023 年 6 月至今进入石河子大学作物学博士后科研流动站工作。以第一作者在 Plant Disease、Frontiers in Plant Science、《西北农业学报》等学术期刊上发表 4 篇 SCI 论文，1 篇中文论文。

张璐，博士，2017 年 9 月在石河子大学获得农学学士学位，2017 年 6 月至 2024 年 6 月在石河子大学获得农学博士学位（硕博连读）。以第一作者在 Scientia Horticulturae、Ecology and Evolution、《中国植保导刊》等学术期刊上发表 3 篇 SCI 论文，1 篇中文论文。

张学坤，博士，副教授，硕士生导师。2013 年在石河子大学获得硕士学位，2021 年在华中农业大学获得博士学位，2022 年获得副教授职称。2013 年至 2017 年在新疆农垦科学院棉花研究所工作，2021 年至今在石河子大学农学院工作。主持兵团科研项目 2 项，石河子大学科研项目 2 项，作为研究骨干参与国家科技部基地与人才专项、国家重点研发计划部省联动项、国家自然科学基金及自治区重点研发任务专项 5 项。发表科研论文 20 余篇，其中以第一或通讯作者在 Plant Biotechnology Journal，Viruses，Plants，Agronomy‐Basel 等发表 SCI 论文 10 篇，获得授权国家专利 2 项。